AF346836

LA PLATINE,
L'OR BLANC,
OU
LE HUITIEME MÉTAL.

LA PLATINE,
L'OR BLANC,
OU
LE HUITIEME MÉTAL;

RECUEIL d'Expériences faites dans les Académies Royales de Londres, de Suede, &c. sur une nouvelle Substance métallique tirée des Mines du Pérou, qui a le poids & la fixité de l'Or.

Ouvrage intéressant pour les Amateurs de l'Histoire naturelle, de la Physique & de la Chymie.

Nécessaire aux Orfévres & Affineurs, pour n'être point trompés sur des Alliages qui résistent aux épreuves de l'Or.

Utile dans les Arts, qui peuvent employer cette Substance à fabriquer des Miroirs qui ne se ternissent point à l'Air, & à ôter au Cuivre sa facilité à contracter le Verd-de-gris.

A PARIS,

Chez
LE BRETON, Imprimeur ordinaire du ROI, rue de la Harpe.
DURAND, rue du Foin.
PISSOT, quai de Conty.
LAMBERT, rue de la Comédie Françoise.

M. DCC. LVIII.

Avec Approbation & Permission du Roi.

AVANT-PROPOS.

COMME l'on n'a entendu parler que confusément jusqu'à présent de l'Or blanc, ou nouveau Métal découvert depuis peu à l'Amérique, & qui, avec la couleur de l'Argent, a le poids & la fixité de l'Or; j'ai cru faire plaisir au Public, & même lui rendre un service considérable, vû l'importance de l'objet, en réunissant en un seul corps ce qui en a été publié dans les Pays étrangers; d'autant plus que les Expériences faites par ordre des Académies Royales de Londres & de Suede à ce sujet, sont en Anglois ou en Suédois, & les autres Traités en Allemand. J'y ai joint l'Extrait d'une Lettre Italienne qui n'a point encore vû le jour, & à laquelle ces Expériences ont donné lieu ; elle contient quelques réflexions sur la nature & sur l'essence de cette Substance singuliere, & suggere les moyens de la perfectionner.

Je l'ai appellée *huitieme Métal*, quoique proprement dit

il ne foit que le feptieme ; & cela pour me conformer au langage ordinaire & aux idées du plus grand nombre , qui , par une ancienne erreur, compte le Vif-argent au nombre des Métaux , quoiqu'il lui manque des propriétés effentielles pour être réputé tel.

Le but que je me fuis propofé dans cet Ouvrage, a été

De fatisfaire la louable curiofité du Phyficien , en le mettant à portée de connoître la nature de ce nouveau corps.

De prévenir les tromperies qui pourroient s'introduire

dans le Commerce & parmi les Artiftes, puifqu'un Lingot où l'Or feroit allié avec cette fubftance, réfiftant aux épreuves ordinaires, comme l'Or le plus pur, pafferoit fans dou-te pour tel, au grand domma-ge de l'Acheteur, lorfque par les procédés enfeignés dans ce Traité, on viendroit à découvrir la fraude.

D'inviter les Sçavans, & particulierement les Chymif-tes, à faire des recherches qui rendent ce nouveau Métal uti-le à la Société, en l'employant & le combinant d'une façon avantageufe.

Enfin ceux qui donnent dans ce qu'ils appellent *le su-blime* de cette Science, pour-ront, en perfectionnant ce Fossile, trouver ici un de ces *Particuliers* qu'ils cherchent ailleurs avec tant de soin.

TABLE.

TABLE. xiij

TROISIEME MÉMOIRE.

Fin de la Table.

LA PLATINE,

L'OR BLANC,

O U

LE HUITIEME METAL.

INTRODUCTION.

Q UOIQUE l'Histoire des Minéraux & autres Substances fossiles ait été cultivée avec beaucoup d'application, particulierement par les Modernes, il faut cependant convenir que dans la multitude d'objets qu'elle embrasse, il y a encore lieu à de nouvelles découvertes.

Nous ne devons donc pas être

A

ſurpris , que parmi une ſi grande variété de concrétions différentes, de nouveaux Mixtes ou Compoſés s'offrent quelquefois à nos yeux ; mais que parmi des Corps d'une nature plus ſimple , & particulierement dans la famille des Métaux, pluſieurs eſpeces diſtinctes reſtent encore inconnues aux Naturaliſtes, eſt ce qui paroîtra ſans doute étonnant.

Il n'y a cependant pas trente ans que l'on diſtinguoit à peine ſix Métaux & cinq demi-Métaux ; quelques-uns même de ces derniers ont été long-tems confondus ſous le nom générique de *Plomb*.

C'eſt à M. Brand qu'on doit la connoiſſance du Régule de Cobalt, en 1729 ; & à M. Cronſtod qu'on doit celle d'un ſeptieme demi-Métal (*Voyez* les Mémoires de l'Académie Royale de Suede , année 1751). Juſqu'à ce tems on croyoit que la couleur bleue que l'on tire de la Mine de Cobalt , provenoit , ſoit du Biſmuth , ſoit de l'Argent , ſoit du Fer , comme M. Henckel l'a crû ; ſoit de l'Arſenic , ſoit d'une Subſtance terreuſe particuliere , ou de quelqu'autre cauſe que l'on ne faiſoit que conjecturer ; & ce nouveau demi - Métal a été regardé tantôt comme du Biſmuth , tantôt comme du Cobalt , tantôt comme un mélange auquel perſonne n'a fait attention , quoique ce demi - Métal ſe trouve uni au Cobalt en pluſieurs autres Pays ainſi qu'en Suede : au reſte il eſt par ſa nature très-différent du Cobalt & du Biſmuth. Ainſi en y comprenant la Platine ou Or blanc dont nous traitons ici , l'on aura maintenant quatorze Corps métalliques : trois d'entr'eux ont été découverts dans le court eſpace que nous indiquons , après n'en avoir compté qu'onze ou même dix pendant près de ſix mille ans.

Le Métal dont nous donnons ici

l'Hiſtoire eſt une des découvertes les plus récentes en ce genre, au moins pour l'Europe, car il étoit déja connu en Amérique quelques années auparavant ; aucun de ceux qui ont écrit ſur l'Hiſtoire Naturelle ne l'a connu, ni même ſoupçonné, & dans celle que M. Hill vient de publier en trois volumes *in-folio*, on n'en trouve pas la moindre trace.

Le premier Auteur qui en faſſe mention, eſt Don Antonio de Ulloa dans ſon voyage du Pérou, imprimé à Madrid en 1748. Le ſujet de ce voyage étant une de ces entrepriſes qui éterniſeront le glorieux regne de Sa Majeſté, nous ne ſçaurions nous diſpenſer de le rapporter ici en peu de mots.

Lorſque Louis le Bien-aimé, le Protecteur des Arts & des Sciences, fit prier le feu Roi d'Eſpagne de permettre à quelques Membres de l'Académie Royale des Sciences de ſe tranſporter à Quito, afin d'y faire les

obſervations néceſſaires pour déterm-
miner la figure de la terre , par la
meſure d'un degré du méridien ſous
l'Equateur ;

Sa Majeſté Catholique ne ſe con-
tenta pas de munir des Paſſeports les
plus amples & Lettres Royales les
plus expreſſes , Meſſieurs Godin ,
Bouguer, de la Condamine & Jo-
ſeph de Juſſieu , qui y étoient deſti-
nés ; mais pour concourir plus effi-
cacement à un objet auſſi intéreſſant,
il nomma pour les accompagner &
les aſſiſter dans cette opération , le
Commandeur Don Georges Juan &
Don Antoine de Ulloa , habiles Ma-
thématiciens , Officiers de ſes Ar-
mées Navales, & Membres des Académies de Londres & de Berlin. C'eſt
dans la relation de ce dernier au chapitre dixieme du ſixieme livre qui
traite des Mines d'Or & d'Argent de
la Province de Quito, que nous eſt
donnée la premiere connoiſſance de
ce huitieme Métal. Après y avoir

A iij

décrit plusieurs Mines dont on retire l'Or par le simple lavage, il ajoûte :

« Dans le Baillage de Choco,
» outre beaucoup de Mines de La-
» voir, telles que celles dont nous
» venons de parler, il s'en présente
» aussi quelques-unes où le Minerai
» se trouve enveloppé dans d'autres
» matieres métalliques, des pierres,
» & des sucs bitumineux ; de sorte
» qu'on est obligé d'y employer le
» Mercure ; quelquefois il s'y trou-
» ve des minieres où la Platine est
» cause qu'on est obligé de les aban-
» donner : on appelle Platine une
» Pierre (*Piedra*) si dure qu'on ne
» peut la briser sur l'Enclume ni la ré-
» duire par la Calcination, ni par
» conséquent en extraire le Minerai
» qu'elle enferre, qu'avec un travail
» infini & beaucoup de frais ».

L'on verra par cette définition de la Platine, & par un autre passage que nous aurons occasion de rapporter ci-après, que Don Antonio de

Ulloa étoit meilleur Mathématicien que Physicien.

Dès l'année 1741 , M. Charles Wood Métallurgiste Anglois, dont nous donnerons d'abord les expériences , en avoit apporté quelques échantillons de la Jamaïque , qu'on lui dit être venus de Carthagene ; & toutes ses perquisitions à ce sujet n'aboutirent qu'à lui apprendre qu'il s'en trouvoit des quantités considérables dans l'Amérique Espagnole , sans qu'il pût avec tous ses soins découvrir les lieux précis d'où on le tiroit. (*a*) Il sut cependant qu'il y étoit connu sous le nom de *Platina* , ou petit Argent , apparemment ainsi appellé à cause de sa ressemblance extérieure avec ce Métal.

Voici la façon dont il la représente.

« La *Platina de Pinto* , autrement » dite *Juan Blanca,* est lisse & brillan-

(*a*) Les Mines de Santa Fé , peu distantes de Carthagene , en contiennent beaucoup.

A iiij

» te, d'un tiſſu uniforme, prend un
» beau poli, & n'eſt point ſujette à
» ſe rouiller ni ſe ternir à l'air ; elle
» eſt extrêmement dure & compac-
» te, mais auſſi caſſante que le Tom-
» bac ou le Potin, & ne ſçauroit s'é-
» tendre ſous le marteau. Les Eſpa-
» gnols (ajoûte-t-il en un autre en-
» droit) ne la tirent point des filons
» en forme de Minerai ou maſſe mé-
» tallique, mais en poudre ou petits
» grains ; l'on ignore s'ils l'appor-
» tent telle qu'ils la trouvent, ou ſi
» c'eſt après l'avoir dégagée par le
» lavage, des ſables, des terres &
» autres matieres hétérogenes, ainſi
» qu'ils le pratiquent pour la poudre
» d'Or ; je crois cependant qu'il eſt
» rarement recueilli bien pur, puiſ-
» que parmi toutes les parties que
» j'en ai vues, j'y ai conſtamment
» obſervé un mélange de ſable noir
» & luiſant, parfaitement ſemblable
» à celui qui ſe trouve ſur les côtes
» de la Virginie & de la Jamaïque,

» qui eſt une riche Mine de Fer, at-
» tirable par l'Aimant ; il eſt auſſi
» ordinairement mêlé avec quelques
» particules d'un jaune coloré qui
» paroiſſent d'une nature différente.

» Les Eſpagnols ont trouvé le ſe-
» cret de le fondre , puiſqu'ils en
» font des Gardes d'Epées , Boucles,
» Tabatieres &c. il doit être fort
» abondant, puiſque les bijoux que
» l'on en fabrique ſont très-communs
» chez eux. Un Gentilhomme de la
» Jamaïque en acheta quelques livres
» à Carthagene , bien au-deſſous
» du prix de l'Argent ; & il a été ci-
» devant encore plus bas ».

En 1750, M. Watſon communi-
qua à la Société Royale dont il étoit
Membre, les échantillons & les expériences du Sieur Wood, ajoûtant
qu'il croyoit que ce nouveau Corps
pouvoit être de la même nature qu'-
un certain minéral appellé *Piedras
de Ingas* , (deſquels Don Antonio
de Ulloa fait auſſi mention dans ſes

voyages) , parce qu'elles en ont l'apparence & l'extérieur : il les recommande à l'examen des Métallurgistes , afin de découvrir si après qu'elles auront été dépouillées des parties pierreuses & hétérogenes , la substance métallique ou le régule qui resteroit , ne ressembleroit pas à la Platine , tant par sa gravité spécifique , que par ses autres propriétés.

Pour la satisfaction de nos Lecteurs , nous insérerons ici ce que l'Auteur Espagnol en dit au Livre sixieme , Chapitre onzieme de ce voyage.

« En fouillant les Guaques ou an-
» ciennes Sépultures des Péruviens,
» on ne trouve dans la plûpart que
» le squelette de celui qui avoit été
» enseveli , des vases de terre où il
» buvoit la *Chicha* (liqueur spiri-
» tueuse faite avec le Maïs) , quel-
» ques haches de cuivre , des miroirs
» de pierre d'Inca , & autres choses
» de peu de conséquence.

» La pierre d'Inca eſt opaque &
» de couleur de plomb; elle a le dé-
» faut d'avoir des veines & des pail-
» les qui gâtent ſa ſuperficie, & la
» rendent ſi caſſante qu'au moindre
» coup elle ſe fend ; bien des gens
» ſont perſuadés, ou au-moins ſoup-
» çonnent que c'eſt une compoſi-
» tion & non pas une pierre : & en
» effet il y a quelqu'apparence à ce-
» la , mais on n'en a aucune preuve
» ſolide ; au contraire , il y a des
» coulées où l'on trouve des Miné-
» raux de cette eſpece de pierre &
» dont on en tire encore quelques-
» unes , quoiqu'on ne les travaille
» plus pour l'uſage que les Indiens
» en faiſoient alors : cependant cela
» n'empêche pas qu'on n'ait pû les
» fondre comme les Métaux , pour
» les perfectioner, tant pour la qua-
» lité que pour la figure ».

Il faut obſerver que notre Auteur dans cet endroit , ainſi que dans
celui où il parle de la Platine, em-

ploye abusivement le nom de **Pierre** pour désigner le Minerai, & même le Métal; mais quoi qu'il en fût alors, la pierre d'Inca est aujourd'hui bien connue ; beaucoup de particuliers en apportent des garnitures de boutons. L'on sçait à n'en pouvoir douter que c'est une Pyrite martiale, qui par conséquent ne se fond point au feu, mais s'y réduit en une chaux rouge, ainsi que font tous les Minéraux ferrugineux de cette espece. L'on porte en Italie des bagues où se trouve enchâssé un Minéral brillant, taillé en facette, ressemblant parfaitement à la pierre d'Inca. Ce Minéral se trouve, dit-on, dans l'Isle d'Elbe, & on lui attribue je ne sçai quelle vertu fabuleuse.

Nous n'avons examiné ce sentiment du Docteur Watson, que pour faire voir qu'il n'y a aucun rapport réel entre la pierre d'Inca & la Platine, quoiqu'il soit vrai qu'elle en a un peu l'apparence, & que dans les mines de ce Métal , il se trouve beaucoup de pierres d'Inca ; mais c'est une des substances dont on la nettoye & on la sépare.

Le sçavant Monsieur Brownrigg, si connu par son Traité sur la fabrique du Sel marin, auquel le Sieur Wood à son retour de la Jamaïque avoit fait présent de quelques morceaux de Platine, & communiqué ses remarques à ce sujet, nous apprend que plusieurs années auparavant le célebre Gravesande lui avoit fait voir une substance toute pareille, qui lui avoit été apportée des Indes orientales ; mais comme il paroît qu'il y a toûjours eu quelque commerce entre les deux Indes, l'on peut s'imaginer que la Platine de Monsieur Gravesande aura été apportée de l'Amérique , quoiqu'il ne soit point du tout impossible qu'il s'en trouve aussi en Orient.

Le même Monsieur Brownrigg ajoûte que , quoiqu'il puisse compter fur l'exactitude de M. Wood, il répéteroit néanmoins fes expériences, en y en ajoûtant de nouvelles : s'il a entrepris ce travail, il n'en a pas encore fait part au Public ; mais celui de Monfieur Lewis nous laiffe peu de chofe à defirer fur cette matiere.

Des perfonnes de mauvaife foi ont voulu quelquefois adultérer l'Or par le moyen de la Platine ; cet alliage ne pouvant pas fe diftinguer de l'Or pur par les effais ordinaires , quoique à un examen fubtil on le trouve plus dur & plus aigre , fur - tout lorfque la quantité de Platine eft un peu confidérable; mais il ne fçauroit en être féparé ni par la cémentation, ni par la coupelle , ni par la quartation , ni par l'antimoine ; c'eft ce qui a déterminé le Roi d'Efpagne à en faire fermer les Mines, ordre qui le rend plus rare aujourd'hui: cependant outre qu'il s'en trouvoit beaucoup de répandu , la cupidité des Naturels du Pays les porte encore à en tirer secrétement.

L'on voit par exemple dans les Journaux de la Société Royale , un Certificat de M. Emmanuel Mendes d'Acosta , qui déclare qu'au commencement de l'année 1743 , un Vaisseau de Guerre apporta de la Jamaïque à divers Négocians de Londres , des Lingots de la couleur , du tissu , & du poids spécifique de l'Or, qui après avoir passé par des expériences très-délicates , furent trouvés ne contenir que vingt Karats de fin.

M. Wood rapporte que le sieur *Ord* , ancien Facteur de la Compagnie du Sud , reçut une fois en payement , pour 12000 liv. de Lingots, où l'Or étoit mêlé avec une telle quantité de Platine , qu'il en étoit devenu aigre & cassant, de sorte qu'il ne put jamais s'en défaire, ni trouver moyen de la séparer.

Dans le premier Tome des Amusemens Phyſiques imprimé à Berlin en 1751, ſe trouvent deux Lettres de M. Watſon à M. Boſe, Profeſſeur de Wirtemberg en Saxe, au ſujet de ce Métal, que nous inſérerons dans ce Recueil.

Les Mémoires de l'Académie Royale de Suede pour l'année 1751, nous fourniſſent une ſuite d'expériences ſur ce Métal faites avec intelligence, mais qui n'ont pû être pouſſées à la perfection, ni épuiſer le ſujet, à cauſe de la petite quantité de la matiere.

Un phénomene des plus ſinguliers dans ce procédé, eſt que ce Métal qui réſiſte des journées entieres au feu le plus véhément ſans ſe fondre, étant uni à une très-petite quantité d'Arſenic coule dans l'inſtant, & cela auſſi vîte que l'Arſenic ſeul pourroit le faire. M. Levvis ne voulut pas ſeulement eſſayer cette combinaiſon, croyant que ce ſeroit le comble de l'extravagance

de

de vouloir unir enfemble par la fufion le corps le plus fixe & le plus réfractaire de la nature, que nulle violence du feu ne pouvoit subjuguer, à une autre qui s'évaporoit à la moindre chaleur. Ceci doit nous faire comprendre à quel point il eft dangereux de raifonner par analogie fur les travaux chimiques, & combien les propriétés des parties conftituantes des corps nous font encore peu connues ; puifque depuis la découverte de ce Métal, nous ne pouvons plus compter fur certains théoremes métallurgiques univerfellement reçus, & de tems immémorial, par tous les Effayeurs & Affineurs : par exemple , que l'Or & l'Argent peuvent être purifiés de toute fubftance étrangere par la coupelle (*b*).

(*b*) Cette propofition reftera néanmoins vraie dans toute fa généralité, fi la Platine fe trouvoit n'être elle même qu'un Or imparfait, ainfi que la Lettre du Chimifte Vénitien, à la fin de ce Recueil, femble l'infinuer.

B

Enfin nous donnons en entier le Traité de Lewis fur ce nouveau Métal , tel qu'il eft rapporté dans fes quatre Mémoires lùs devant la Société Royale de Londres en 1754 ; Diſſertation couronnée de fa Médaille , & où cette matiere eft traitée à fond.

Cette finguliere fubftance ne pouvoit guere tomber en de meilleures mains ; fes Commentaires fur le Cours de Chimie de Wilfon , font affez connoître à quel point il poffede cette partie. Il a donc mis ce corps à toutes fortes d'épreuves , & y a découvert plufieurs propriétés qui établiffent entre lui & les autres Métaux des rapports & des diffemblances également dignes d'attention.

Une analyfe auffi bien conduite , & qui peut fervir de modele aux Curieux fur la maniere d'interroger la nature & lui arracher fon fecret , eft encore plus précieufe par les

vûes de l'Opérateur. Plusieurs Par
ticuliers avoient déjà été léfés par
l'achat de lingots & bijoux où l'Or
fe trouvoit allié à la Platine, &
dont les procedés ufuels ne pouvoient le dégager. Pour délivrer de
fes craintes le Commerce juftement
allarmé, auquel les quatre grandes
épreuves n'étoient plus fuffifantes,
il lui découvre deux moyens différens ; l'un par la voie feche, &
l'autre par la voie humide : avec
leur fecours l'on en pourra reconnoître le moindre atome.

Le premier Mémoire préfente ce
Métal examiné en lui-même & par
rapport au feu.

On trouve dans le fecond les effets qu'ont fur lui les différens fels.

Ses combinaifons avec les Métaux occupent le troifieme, & les
mêlanges faits avec les demi-Métaux
font l'objet du dernier.

La véritable Platine a quelque de-

gré de malléabilité, mais elle fe bri-
fe fous les coups violens.

Sa gravité fpécifique eft à celle
de l'eau, comme $18\frac{1}{4}$ à 1 ; cependant fi elle étoit parfaitement purifiée, elle furpafferoit peut-être en
poids l'Or même.

Le feu le plus ardent ne peut la
fondre, & les divers flux n'ont aucune prife fur elle ; le foufre ne l'af-
fecte pas non-plus, ni le régule
d'Antimoine ; & comme l'Or, elle
ne fe laiffe entamer que par le foie
de Soufre.

De tous les acides, il n'y a que
l'Eau régale qui la diffolve ; la maniere que l'Auteur rapporte pour y
employer la moindre quantité de
menftrue poffible, peut avoir fon
utilité dans les travaux en grand. Il
paroît cependant qu'il n'en requiert
pas davantage que l'Or pour fa
diffolution.

La diffolution de Platine differe

de celle de l'Or, en ce qu'elle ne teint point les plumes, os, & autres parties animales, & que l'Etain n'en tire aucune couleur pourpre.

Sa chaux (fi tant eft qu'on puiffe appeller fon précipité de ce nom) ne fe vitrifie ni feule, ni par l'entremife du verre, & eft peut-être à cet égard encore plus indeftruΣtible que l'Or même.

Elle fe fond & s'allie à poids égal avec tous les Métaux & demi-Métaux ; il y a pourtant à préfumer qu'elle n'eft que mêlée, & non pas intimement combinée avec la plûpart : ce qu'il y a de fingulier, c'eft que le Cuivre & l'Etain, qui féparément peuvent à peine en porter poids égal, étant unis enfemble, en abforbent trois fois ce même poids, c'eft-à-dire autant que le Zinc. L'Arfenic s'en charge de vingt-cinq parties & au-delà ; & ce qu'on ne fçauroit voir fans étonnement, il le

rend fluide dans l'inſtant avant même d'être entierement fondu. Le Potin ou Fer de fonte, qui par lui-même n'eſt pas malléable, devient par
ce mélange ductile à un certain
point.

Les différens alliages de ce Métal
ſont toûjours ſpécifiquement plus
legers qu'ils ne devroient l'être ſui-
vant le calcul, & cela dans des proportions très-différentes. Nous avons
joint à ces Mémoires des Tables où
l'on pourra voir ces rapports.

Tous les corps métalliques, à l'exception du Plomb & du Biſmuth,
s'endurciſſent par ce mélange, &
prennent un beau poli, quoiqu'il
diminue ou ôte la ductilité aux autres Métaux : il a un effet contraire
ſur le Potin, comme nous l'avons déjà remarqué.

Non-ſeulement il abſorbe dans la
coupelle une portion du Plomb ou
du Biſmuth, mais la préſerve de l'action du feu le plus vif & le plus long;

il prévient de la même maniere la déflagration entiere du Zinc.

Il ne paroît pas qu'il ait été encore éprouvé au foyer du Miroir ardent.

En un mot ce Métal paroît être un corps très-fingulier, qui mérite qu'on y faffe une attention particuliere, & qu'on recherche fa nature avec plus de foin & d'exactitude qu'on ne l'a fait jufqu'ici. Il eft probable qu'ainfi que l'Aimant, le Fer, l'Antimoine, le Mercure, & autres fubftances métalliques, il doit avoir quelques qualités fpécifiques, qui pourroient le rendre d'un ufage important à la Société. On fçait déjà qu'il empêche le Cuivre de fe rouiller & fe ternir auffi promptement à beaucoup près que lorfqu'il eft feul ; & que fans diminuer pour ainfi dire fa ductilité, il lui donne une fermeté & une confiftance qui le rend propre à bien des ufages où le Cuivre ordinaire ne fçauroit être employé.

Comme l'air n'a aucune prise sur lui, qu'il ne se ternit point & ne contracte point de rouille, & comme il communique en grande partie cette vertu au Fer & à l'Argent, auquel il se trouve uni en une certaine proportion, l'on pourroit par son secours construire des Miroirs métalliques plus parfaits que tous ceux dont on a fait usage jusqu'à ce jour.

Les Alchimistes en particulier trouveront à s'y exercer ; c'est un axiome parmi eux, & même entre les Chimistes, qu'un corps qui surpasse le Mercure en gravité spécifique, doit nécessairement contenir de l'Or, & cela en raison de cette différence. Les premiers disent unanimement que s'ils trouvoient un corps qui eût le poids & la fixité de l'Or, ils y introduiroient facilement la couleur & les autres propriétés de ce roi des Métaux. Voici donc ce qu'ils cherchent : ils peuvent s'épargner les soins & les peines de courir

après

après les Lunes fixes , & abreger l'ennuyeuſe & incertaine opération d'Iſaac le Hollandois. L'Or blanc eſt l'être réel qu'ils cherchent imaginairement ; voilà le Corps , ils n'ont plus qu'à y introduire l'ame ou Soufre colorant , comme ils l'appellent. Un de leurs Auteurs les plus claſſiques , l'anonyme Philalethes , leur donne ce conſeil.

Accipe id quod nondum eſt perfectum , nec tamen omninò imperfectum , ſed quod tendit ad perfectionem , & fac ex eo rem nobiliſſimam perfectiſſimamque.

Philalethes , *Introit. ad reg. pal.*

EXTRAIT d'une Lettre de M. G. WATSON, Membre de la Société Royale, à M. Boſe Profeſſeur de Wittemberg en Saxe, du 15 Janvier 1751

J'AI à vous informer d'une très-grande nouvelle du Monde phyſique, de la découverte d'un nouveau Métal, envoyé ici depuis peu de l'Amérique Méridionale, & qu'on appelle en ce Pays-là *Platina del Pinto*, (petit Argent du Pinto). Le mot Eſpagnol *Plata* ſignifie Argent, & ce Métal a la couleur de l'Argent; on l'a donc nommé *Platina* ou petit Argent, il a cependant plus d'analogie avec l'Or. Ce dernier eſt, comme vous ſçavez, le corps le plus peſant de la nature, puiſque ſi l'on prend 1 pour la peſanteur de l'eau, il eſt à ce liquide comme 19 à 1, & au Mercure comme 19 à 14. Le nouveau Métal eſt à l'eau comme 17 à

1 ; & si on le mêle à l'Or en une certaine proportion , le tout est aussi pesant que l'Or pur : il a encore la même fixité que l'Or , & rarement le feu lui fait perdre un partie sensible de son poids. Il est fort difficile à fondre , & on n'en peut venir à bout après deux heures entieres du feu le plus véhément dans un fourneau de fonte , où le Fer est mis en fusion dans 15 minutes à un moindre degré de chaleur. On ne peut pas le forger ; mais on a déja trouvé en Amérique le moyen d'en couler des Gardes d'Epées. Quelques-uns de nos Chimistes d'une expérience & d'une exactitude reconnues , ont exposé cette singuliere substance à l'action de différens menstrues. Leurs procedés & résultats seront publiés dans les Transactions Philosophiques.

EXTRAIT d'une seconde Lettre de M. G. WATSON, Membre de la Société Royale, au même, sur le nouveau Métal trouvé dans l'Amérique Méridionale, du 14 Mai 1751.

JE suis très-fâché de ne pouvoir pas satisfaire pleinement le desir que vous avez de connoître ce nouveau demi - Métal, appellé en Espagne *Platina del Pinto* ; mais jusqu'à présent on n'a pû en avoir la quantité nécessaire pour les Expériences qu'on imagine propres à en faire découvrir toutes les propriétés. Le sçavant M. Brownrigg, Membre de la Société Royale, si connu par son excellent Traité de la Préparation du Sel, a bien voulu m'en donner un peu. C'est un corps très-fixe & d'une belle couleur d'argent ; il prend bien le poli, ne se noircit ni ne se rouille. Si l'on peut un jour en avoir en assez grande quantité, peut-être fera-t-il d'un grand ufage dans les Arts : par exemple, il feroit très-propre à faire des miroirs de Télefcope. J'ajoûterai à ce que j'en ai déjà écrit à M. Bofe, qu'il eft impoffible jufqu'à un certain point de l'affiner avec le Plomb, c'eft-à-dire, lorfqu'on le traite comme l'Or & l'Argent ; mais fi l'on ajoûte beaucoup de Plomb, il emporte en s'imbibant une partie de la Platine. M. Brownrigg a joint à 26 grains de ce Métal, 16 fois autant du Plomb le plus pur qu'il avoit revivifié lui - même de la Litharge. Quand le Plomb fut liquide, il y mit la Platine, & elle fe fondit en très-peu de tems : le Plomb s'imbiba enfuite, & il refta fur la coupelle un grain d'effai qui pefoit environ 21 grains ; ainfi la Platine avoit perdu dans ce procédé près d'un cinquieme de fon poids(*a*). En ce qu'on

(*a*) Ce déchet ne vient que des parties étrangeres mêlées à la Platine, puifque lorfqu'elle eft pure, loin de perdre la moindre chofe de

a dit ci-deſſus que ce Métal ne pouvoit être affiné par le moyen du Plomb, l'on n'a voulu parler que du procédé en uſage chez les Eſſayeurs & Affineurs. Quant a ſa peſanteur, on y a ſouvent trouvé quelque différence : tantôt il a été comme 17, & tantôt comme 16 à 1, & même comme 19 à 1 lorſqu'il eſt fondu avec l'Or (*a*).

ſon poids, elle en augmente par l'imbibition d'une portion de Plomb, que la plus grande violence du feu n'en ſçauroit ſéparer. *Voyez* les Mémoires de M. Lewis, ci après.

(*a*) Ces différences de poids viennent du plus ou moins de matiere hétérogene accidentellement mêlée à la Platine, dont la gravité ſpécifique eſt toùjours la même.

EXPERIENCES de M. Charles WOOD sur la Platine, extraites des Transactions Philosophiques de l'année 1750.

I. EXPÉRIENCE

LA Platine exposée au feu est d'une fusion très-difficile, puisqu'ayant été tenue pendant plus de deux heures dans un fourneau à vent, à une chaleur qui fondoit la gueuse de Fer en quinze minutes, elle n'a éprouvé aucune altération, ni même l'orsqu'on a réitéré cette Expérience avec l'addition du Borax & d'autres flux salins. Cependant les Espagnols ont le secret de le couler, soit seul, soit par addition de quelque fondant, comme le témoignent les divers petits ouvrages qu'ils en font (a).

(a) Il y a apparence que c'est plûtôt par l'addition de quelque Métal ou demi-Métal, puisque nous voyons dans la suite de ce Mémoire que

C iv

II. Expérience.

Lorsqu'elle est exposée à un degré de chaleur convenable, & que l'on y ajoûte du Plomb, de l'Argent, de l'Or, du Cuivre ou de l'Etain; il se fond aisément, & s'incorpore avec ces Métaux, & rend le composé qui en résulte semblable à lui-même, c'est-à-dire extrêmement dur & cassant.

III. Expérience.

Ayant été fondu avec du Plomb sur un test dans un fourneau d'essai, & exposé pendant trois heures à un feu véhément, jusqu'à ce que le Plomb fût consumé, la Platine a été retrouvée au fond du test, sans

les morceaux que M. Brownrigg à coupellés, ont perdu un cinquieme de leur poids. De plus la gravité spécifique de 16, 15 & 14 à 1, montre évidemment qu'il s'y trouve de l'alliage. S'il étoit de Zinc (qui porte 13 parties de Platine), le composé peseroit 15 ou 16 fois autant que l'Eau, & l'alliage de parties égales d'Argent & de Platine lui seroit comme 13 & demi à 1.

avoir souffert d'altération ni diminution de poids.

IV. Expérience.

Un morceau de Platine a été mis
dans de l'Eau-forte, & tenu en digestion au Bain de sable pendant 12
heures, sans qu'elle ait rien perdu de
son poids, ni qu'elle parût corrodée.

V. Expérience.

Il a été dit que ce demi-Métal
étoit spécifiquement plus pesant que
l'Or ; mais en ayant pesé plusieurs
morceaux dans la balance hydrostatique, j'en ai trouvé un qui pesoit
en l'air gr. $\frac{345}{8}$, & dans l'eau gr.
$\frac{322}{8}$; de façon que sa gravité spécifique étoit à l'eau comme 15 à 1.

Un autre morceau qui paroissoit
fort poreux, a pesé seulement comme 13, 91 à 1 ; quoique si ce dernier morceau eût pû souffrir d'être
forgé comme l'Or, il auroit pû être
réduit, suivant les apparences, à un
poids plus fort que celui du premier

morceau : car l'Or le plus pûr, après la fufion, fe trouve rarement arriver à fon poids fpécifique, jufqu'à ce qu'il ait été réduit à fa plus grande folidité poffible fous le marteau.

VI. EXPÉRIENCE.

J'ai pefé auffi un mélange de parties égales d'Or & de Platine, que j'ai trouvé prefqu'auffi pefant que fi le tout avoit été Or ; la gravité fpécifique de ce compofé étant à celle de l'eau comme 19 à 1.

M. Brownrigg, Docteur en Medecine, auquel on doit la publication de ce qui précede, ajoûte :

La principale difficulté que j'ai eue fur les procédés de M. Wood, étoient que la Platine paroît y réfifter à la voracité du Plomb dans la coupelle ; ce qui m'a déterminé à répeter cette Expérience.

J'ai donc pris 26 grains de Platine, auxquels j'ai ajoûté 16 fois fon poids de Plomb très-pur, que j'avois moi-même revivifié de la Litharge.

Le Plomb étant fondu sur la coupelle, j'y ai mis la Platine, qui fut bien-tôt dissoute par le Plomb.

Lorsque tout le Plomb fut scorifié, il est demeuré un bouton de Platine au fond de la coupelle, lequel ne pesoit que 21 grains ; desorte qu'en cette opération la Platine a perdu près du cinquieme de son poids.

Selon cette Expérience, la Platine ne résiste pas complettement à la puissance du Plomb dans la coupellation ; mais par les opérations réitérées avec de plus grandes proportions de Plomb, elle peut vraisemblablement être entierement détruite ; & par de telles opérations l'Or & l'Argent peuvent apparemment en être séparés, quoique suivant la façon ordinaire de coupeller, & dont il vient d'être fait mention, il se peut qu'elle y résiste (*a*).

(*a*) *Voyez* les Expériences de M. Lewis à ce sujet.

M. Wood dit que dans son Expérience il lui paroissoit que la Platine augmentoit plûtôt qu'elle ne diminuoit de poids à la coupelle : ceci pouvoit arriver de quelque petit mêlange de Plomb, ou d'aurre Métal qui y seroit demeuré incorporé après qu'il a cessé d'être fluide.

Par cette seule Expérience, je ne veux point absolument décider que le Plomb consume ainsi quelque portion de Platine, puisque celle dont on s'est servi pouvoit ne pas être parfaitement pure. De plus afin de la tenir plus long-tems fluide, j'ai augmenté la violence du feu au suprême degré, particulierement vers la fin, quoique je ne croye pas qu'il en pût naître une erreur fort considérable, puisque une demi-drachme d'Argent que je coupellai en même tems, ne perdit que deux grains pendant l'opération.

DESCRIPTION faite par M. Théodore Scheffer, *de l'Or blanc ou septieme Métal, nommé en Espagne* Platina del Pinto, *ou petit Argent du Pinto, tirée des Mémoires de l'Académie Royale de Suede.*

AU mois de Juin de l'an 1750, je reçus de M. l'Assesseur *Rudens Kiæld* un sable obscur qu'on lui avoit donné en Espagne, en lui disant qu'il venoit des Indes Occidentales.

Il étoit composé,

1°. De grains de sable noirâtres.

2°. De grains de mine de Fer de couleur de ce Métal, & que l'Aimant attiroit.

3°. De quelques grains d'Or pur.

4° De triangles plans à côté inégaux, aussi blancs que l'Argent, & que l'Aimant n'attiroit en aucune maniere.

Ces parties métalliques triangulaires fembloient être un Fer rendu
blanc par quelque caufe étrangere ;
mais fi fort changé que l'Aimant
ne l'attiroit plus, quoiqu'elles fuf-
fent auffi ductiles qu'aucun Fer puiffe l'être ; deforte qu'on a tort de dire
que ce Métal n'eft point malléable ;
car en ce cas ce ne feroit pas même
un Métal, mais un demi-Métal.

La plûpart des mines de Fer que
l'Aimant n'attire pas, deviennent at-
tirables lorfqu'on les a fait rougir
& laiffé refroidir enfuite, même lorfque les faifant rougir on n'y a pas
joint de matiere inflammable ; &
l'on voit par-là que ce n'eft point le
défaut de phlogiftique qui eft caufe
que la mine de Fer de Laponie, &
autres femblables, ne font point attirés par l'Aimant. Je fis donc rougir
mon prétendu Fer, mais l'Aimant
ne l'attira point ; voyant après l'a-
voir fait rougir plufieurs fois qu'il ne
fe calcinoit & ne fe confumoit point,

comme il arrive au Fer , je le mis avec du Borax à fondre fur les charbons devant le Broui ou chalumeau des Orfévres ; mais ce fut encore envain.

La quantité de Sable que j'avois au commencement , pefoit un ducat $\frac{2}{3}$ ou cent grains , poids d'Apoticaire. J'en tirai avec une bercelle ou petite pince d'Orfévre toutes les parties métalliques blanches , triangulaires , qui pefoient enfemble environ quarante grains. En les examinant de nouveau , je leur trouvai les propriétés fuivantes.

I. Expérience.

Mêlé avec un peu de Plomb , ce Métal devint fort aigre , comme fait l'Or en pareil cas.

II. Expérience

Traité à la coupelle , il montra

l'Iris comme l'Or, mais ne put former distinctement l'Eclair. Il ne sçauroit même le faire qu'au degré du miroir ardent, parce qu'à une moindre chaleur il ne sçauroit être séparé de tout le Plomb. Le grain d'essai resté sur la coupelle devint donc, un peu avant le moment de l'Eclair, brun, ridé par-dessus, blanc par-dessous, aigre; il retint quelques-unes des dernieres parties du Plomb, qui s'imbiberent dans la coupelle, & elles augmenterent son poids d'environ deux ou trois pour cent.

III. Expérience.

Il ne put être uni au Soufre; au contraire il s'en sépara, ainsi que fait l'Or en pareil cas: c'est pourquoi quand il est joint à l'Antimoine crud, il reste uni avec lui dans le Régule. Mais ici je rencontrai le même inconvénient que lorsque je

le

le traitois avec le Plomb ; le Régule d'Antimoine ne put s'évaporer
entierement, parce que l'Or blanc
ne sçauroit se maintenir en fusion
jusqu'à la fin de l'opération.

IV. Expérience.

Mêlé au Cuivre en poids égal, le
tout se fondit aussi facilement que
pourroit faire le Cuivre seul, & devint assez flexible, & semblable en
cela à de l'Or ordinaire. Lorsque ce
mélange fut poussé fortement devant le soufflet de forge, comme
lorsqu'on veut rafiner le Cuivre, il
étincella autant que du Fer quand
on le forge. Ces étincelles furent jet-
tées à quelque distance sous la forme de grains rouges, comme la
chaux de Cuivre, & les deux Métaux resterent combinés dans ces globules. L'Or ne fait point cet effet
avec le Cuivre ; le mélange devint
alors moins ductile, ainsi que le Cuivre trop long-tems rafiné.

D

V. Expérience

De toutes les combinaisons que j'ai fait des Métaux avec l'Or blanc, c'est celle avec l'Argent qui entre le plus difficilement en fusion, desorte qu'il faut jusqu'à trois parties d'Argent contre une de Platine pour pouvoir fondre ce mêlange avec le chalumeau ; le composé qui en résulte conserve la couleur blanche des deux Métaux, mais devient dur, & n'est pas malléable.

VI. Expérience.

L'Eau-forte n'attaque point cet Or blanc ; elle dissout l'Argent auquel il est mêlé, & le laisse inaltéré.

VII. Expérience,

L'Eau Régale le dissout ; & quand une fois ce menstrue a seulement un peu commencé à le dissoudre, la dissolution se crystallise facilement & vîte. Le Mercure le précipite, ainsi que la diſſolution de l'autre Or dans l'Eau Régale.

VIII. EXPÉRIENCE.

Avec une addition d'Arſenic, le mêlange ſe mit en fuſion auſſi aiſé-ment que le Cuivre ou le Fer joints à l'Arſenic ; & cela arriveroit égale-ment, quand même on ne mettroit qu'une partie d'Arſenic ſur vingt-quatre de ce Métal ; mais le compo-ſé devient caſſant & gris à l'endroit de la fracture, ainſi que fait l'Argent joint à l'Arſenic. Il ne faut point de fondant dans ce mêlange , comme il eſt néceſſaire l'orſqu'on veut com-biner l'Arſenic avec le Fer ou le Cui-vre ; mais auſſi-tôt que l'on joint un petit morceau d'Arſenic à la Platine dans le creuſet , qui doit auparavant être rougi , le tout fond en un clin-d'œil.

IX. EXPÉRIENCE.

Mais il eſt impoſſible de fondre

l'Or blanc dans un creuſet ſans addition ; il réſiſte à un feu auſſi & même plus fort que celui qui vitrifie les meilleurs creuſets de terre de Waldembourg & de Quartz. Il fondroit beaucoup plus aiſément ſur les charbons ſans creuſet ; mais on ne peut le traiter ainſi quand on n'en a pas quelque livres , & j'étois dans ce cas. Le phlogiſtique des charbons ne contribue en rien à la fuſion de ce Métal ; mais leur chaleur excitée par le ſoufflet de forge, eſt bien plus forte que dans le creuſet.

X. Expérience.

Je n'ai pû eſſayer ſi ce Métal produit les mêmes effets avec le Mercure que l'Or ordinaire ; car le poids d'un ducat deux tiers ne ſuffiſoit pas pour tant d'Expériences: la choſe eût pourtant réuſſi , mais je ne l'épargnai pas aſſez au commencement, ne m'attendant point à lui trouver une telle fixité avec le Plomb , ni qu'il s'unît avec tant de facilité à l'Arſenic ; propriété ſinguliere que je lui trouvai enſuite avec étonnement.

On peut conclure des Expériences précédentes,

1°. Que ce corps, ſans égard à ſa dureté, eſt un Métal, puiſqu'il eſt ductile ; que de plus il a la dureté du Fer forgé.

2°. Qu'il eſt un Métal parfait, auſſi fixe que l'Or & l'Argent. (*voyez* la ſeconde Expérience & ſuivantes).

3°. Qu'il n'eſt aucun des ſix anciens Métaux, car il eſt décidément un Métal parfait, qui ne contient ni Plomb, ni Cuivre, ni Etain, ni Fer, puiſqu'il ne ſouffre aucune diminution ; & quand même quelques parties de ces Métaux lui ſeroient jointes accidentellement, il n'en ſeroit pas moins un Métal parfait. Ce n'eſt point de l'Argent (*voyez* la troiſieme & la ſixieme Expérience);

ce n'eſt point de l'Or (*voyez* les quatrieme, huitieme & neuvieme Expérience) ; & par conſéquent c'eſt un huitieme Métal différent de tous ceux qui ſont connus juſqu'à ce jour.

4°. Cet Or blanc ne ſçauroit ſervir à des ouvrages qui demandent qu'on l'employe ſeul , puiſqu'il eſt trop difficile à fondre lorſqu'il n'eſt pas joint à un autre Métal. (*Voyez* la neuvieme Expérience).

5°. Mêlé à la plûpart des autres Métaux , il entre aiſément en fuſion, mais devient aigre & non ductile (*voyez* la premiere & cinquieme Expérience) ; joint au Cuivre, il eſt dans ſon état de plus grande flexibilité & ſe laiſſe alors fondre aiſément ; en quoi encore il s'accorde bien aux autres Métaux parfaits.

6°. Sa nature approche le plus de celle de l'Or (*voyez* la premiere , troiſieme, ſixieme & ſeptieme Expérience) ; de ſorte qu'on peut à juſte titre l'appeller Or blanc ; mais il differe de l'Or par la ténacité, la couleur, la dureté, & le degré de feu nécessaire à sa fusion.

7°. Mêlé avec l'Or, il ne s'en laisse séparer par aucun des moyens qui séparent les autres Métaux ; car ce Métal & l'Or ordinaire exposés au feu, sont également fixes & indestructibles. L'Eau-forte ni le Soufre ne dissolvent ni l'un ni l'autre (*voyez* la troisieme & la sixieme Expérience) ; l'Eau Régale les dissout tous deux (*voyez* la septieme Expérience). On n'a point encore essayé si le Vitriol martial précipite cet Or blanc ; mais on a lieu de le conjecturer, puisque le Mercure a le même effet sur les deux dissolutions (*voyez* la septieme Expérience) ; puisque l'esprit de Sel pur, qui ne dissout point l'Or ordinaire, ne dissout pas non plus cet Or blanc, il paroît bien difficile de les séparer, & l'Or blanc se trouve toûjours joint à une petite veine de l'autre, comme il étoit dans ce fable, attendu que les deux fe fondent enfemble aifément, & l'Or ordinaire facilite la fufion de l'Or blanc : fi l'Or blanc ne s'uniffoit point avec le Mercure, il feroit difficile qu'il ne fe féparât pas de l'amalgame.

On ne peut conclure rien de plus des Expériences faites fur ce Métal, parce qu'on ignore jufqu'où précifément fa pureté eft altérée par le Fer & les autres Métaux, fur-tout par ce petit veftige d'Or qu'on trouve toûjours joint à l'Or blanc.

8°. Pour que ce Métal puiffe être employé à quelque ufage, il importe principalement qu'il fe laiffe fondre pur & fans mêlange fur les charbons, pour qu'on puiffe le forger comme le Fer; c'eft ce qu'on ne peut faire, quand il eft fondu avec l'argent (*voyez* la cinquieme Expérience), & il feroit trop difpendieux de le mêler avec l'Or ; uni au Cuivre, il perdroit fa faculté de réfifter au feu & à la rouille.   9°.

9°. Ce Métal eſt le plus propre de tous à faire des Miroirs de Téleſcope, puiſqu'il réſiſte auſſi-bien que l'Or aux vapeurs de l'Air ; qu'il eſt fort peſant, très-denſe, ſans couleur, & beaucoup plus dur que l'Or ordinaire, que le manque de ces deux dernieres propriétés rend inutile pour cet uſage ; il ne faudroit pour cela que trouver une maniere de donner à l'Or blanc l'union & l'état convenable, & un mêlange qui puiſſe l'aider à le mettre en fuſion, & le rendre capable de recevoir ſon poli, ainſi que de conſerver ſon éclat à l'air, puiſque la ductilité n'eſt pas néceſſaire pour un tel emploi.

Suite du Mémoire ci-deſſus.

LA deſcription de l'Or blanc que j'ai eu l'honneur de préſenter à l'Académie Royale le 19 de ce mois (Novembre 1751), y ayant

E

été lue, M. Brand, Affeffeur &
Membre de cette Académie, s'eft
reffouvenu qu'il avoit encore reçu
de M. Rudens Kiæld un peu du même Sable qu'il m'avoit déja donné.
J'ai fait fur celui-ci les expériences
fuivantes, pour lefquelles l'autre
n'avoit pas pu me fuffire.

XI. EXPÉRIENCE.

Comme ce Sable contenoit un
peu plus d'Or blanc, mais en plus
petites parties, je commençai par
en tirer la mine de Fer par le fecours
de l'Aimant : enfuite je le lavai dans
une febille ; & il fe laiffa fi bien féparer, que je l'en retirai dans fon
entier ; puis j'en ôtai les grains d'Or
jaune, qui étoient beaucoup moins
nombreux que ceux du précédent
Sable.

L'Or blanc étant féché, je voulus effayer avec l'Aimant s'il n'y
reftoit plus de Fer, & je vis avec
furprife une partie de ce Métal s'at-

tacher à l'Aimant , quoique ce fût très-foiblement ; mais comme les petites parties blanches de cet Or ci étoient fort différentes de celles du premier ; comme quelques-unes, femblables à des coins , avoient un bout épais , l'autre mince , & de plus trois côtés au-moins ; comme plufieurs avoient leurs angles rompues ou émouffées , je voulus m'affûrer fi ces parties que l'Aimant attiroit ne contenoient pas un peu de Fer , & je les fis rougir fortement.

XII. Expérience.

Expofés d'abord à un feu doux , elles devinrent obfcures ; mais enfuite à un feu plus fort, elles prirent la blancheur & l'éclat de l'Argent ; & quand elles furent refroidies , l'Aimant n'eut plus fur elles aucun effet. Il paroiffoit donc alors qu'elles étoient telles qu'elles devoient être , parce qu'il n'y a qu'un Métal parfait qui puiffe étant rougi conferver ſa couleur blanche. La pouſſiere du Fer qui s'étoit ſi fortement unie à la ſurface de preſque tous ces petits grains d'Or blanc, que l'eau n'avoit pû l'en ſéparer, fut entierement conſumée & détachée par le feu, deſorte que l'Aimant n'attiroit plus aucun de ces fragmens.

XIII. Expérience.

L'eſprit de Sel qui ne diſſout pas l'Or ordinaire, ne put auſſi diſſoudre cet Or blanc.

XIV. Expérience.

La diſſolution faite par l'Eau régale devint fort rouge; & quand on la chargea enſuite de ce Métal, il s'en précipita un peu en une poudre jaune & rouge. Lorſqu'on ajoûta un peu d'Eau ordinaire, il s'en précipita encore davantage; mais quand ſur cette épaiſſe diſſolution on verſa de nouvelle Eau régale, la poudre précipitée fut diſſoute de nouveau,

& ne fe précipita plus, quoiqu'on y verfât de l'eau pure.

XV. EXPÉRIENCE.

Le Vitriol martial ne précipita point l'Or blanc diffous dans l'Eau régale ; c'eft en quoi cet Or diffe-re de l'Or ordinaire.

XVI. EXPÉRIENCE.

L'Alkali fixe & l'Alkali volatil ont précipité l'Or blanc en une pou-dre de couleur rouge, & femblable à celle du Minium, & qui s'eft dé-pofé promptement, comme fait le Cinnabre.

XVII. EXPÉRIENCE.

On n'a pû amalgamer ce Métal, non pas même en y joignant un peu d'Eau régale, quoiqu'on amalgame ordinairement les Métaux avec plus de facilité, lorfqu'on y joint un peu de menftrue qui les diffout.

E iij

XVIII. EXPÉRIENCE.

On voit par l'Expérience précédente (17) que si l'on mêloit de cet Or blanc avec de l'autre Or ; le départ pourroit s'en faire en diſſolvant ce compoſé dans de l'Eau régale ; & précipitant le tout par le moyen du Vitriol martial , on édulcoreroit le précipité que l'on amalgameroit enſuite : de cette maniere l'Or ſeul reſteroit dans l'amalgame.

EXAMEN analytique d'une Subſtance métallique blanche qui ſe trouve dans les Mines d'Or de l'Amérique Eſpagnole, & qu'on connoît en ce Pays ſous les noms de Platina, Platina di Pinto, *&* Juan blanca; *par M.* GUILLAUME LEWIS, *Membre de la Société Royale.*

PREMIER MEMOIRE.

ARTICLE PREMIER.

De la Platine, & des Subſtances qui y ſont jointes.

LA Subſtance apportée en Angleterre ſous le nom de Platine, paroît être un mêlange de parties diſſimilaires. Les plus apparentes & les plus nombreuſes de ces parties ſont des grains blancs, luiſans & de figure irréguliere. Leurs

E iiij

furfaces font compofées de plans,
dont les angles & les contours font
arrondis. Examinées au Microfcope, elles paroiffent inégales en quelques endroits, parce qu'elles ont de
petites éminences polies & des cavités rudes & noirâtres. L'Aimant
a attiré quelques-uns de ces grains,
mais foiblement.

Ce font feulement les grains que
nous venons de décrire qui confti-
tuent la vraie *Platine*. Les matieres
hétérogenes qu'on y a trouvé mêlées, étoient,

I. Une poudre noirâtre féparable
par un tamis fin. Cette pouffiere a
été divifée en deux Subftances différentes, par le moyen d'une lame ai-
mantée. La portion attirable étoit
d'un beau noir luifant, très-reffem-
blant au Sable noir de Virginie.
L'autre portion, fur laquelle le ma-
gnétifme n'agiffoit point, étoit d'un
brun foncé, & parfemée de petites molécules brillantes, qu'on a

enſuite reconnues pour fragmens des grains de Platine décrits ci - deſſus.

II. Parmi les gros grains féparés par le moyen d'un tamis moins ſerré, on a obſervé pluſieurs particules de figure irréguliere, de couleur foncée, tantôt noirâtres, tantôt d'un brun rougeâtre, & reſſemblantes à de petits morceaux d'Emeri ou de pierre d'Aimant, pluſieurs deſquels ont été foiblement attirés par l'Aimant.

III. Il s'y eſt trouvé quelques particules jaunes luiſantes, reſſemblantes à l'Or, qui examinées de plus près, ſe ſont trouvées être effectivement de ce Métal, quoique probablement éthérées par quelque legere portion de Platine.

IV. Un petit nombre de globules de vif-argent, ou plûtôt d'amalgame, puiſqu'ils contenoient de l'Or uni à des particules de Platine, & même aſſez fortement.

V. Quelques particules minces

& tranſparentes, vraiſemblablement de *Spath.*

VI. Une très-petite quantité de particules irrégulieres, très-fragiles, d'un noir de jaïet, ayant l'apparence d'un beau Charbon foſſile bien pur ; miſes ſur un feu rouge elles ont donné une fumée jaunâtre, & la même odeur que le Charbon foſſile rend en brûlant.

REMARQUES.

1. Il paroît par les obſervations précédentes, que ce Minéral ne nous eſt point apporté dans ſon état primitif ; il eſt probablement tiré des Mines en grandes maſſes, qui après avoir été briſées, ont été traitées avec le Mercure pour en extraire l'Or, dont il pouvoit contenir alors une quantité conſidérable. Celle qu'on y a laiſſée eſt extrêmement petite, puiſque pluſieurs livres de ce mixte n'ont donné que quelques grains de ce Métal. Un feu

modéré fait découvrir une plus grande quantité de ces particules aurifiques que l'on n'en appercevoit d'abord, parce qu'il fait évaporer le Mercure qui en cachoit le plus grand nombre.

2. Quelque partie de la Poudre brunâtre est probablement accidentelle, ainsi que le Mercure, & vient des Pilons, Bocards & Meules employés dans la comminution du Métal, & sa trituration avec le Vif-argent.

3. La rudesse & couleur obscure des petites cavités des grains de la Platine, paroît provenir d'une Substance semblable à la poussiere noire qui y adhere fortement; & apparemment cetteSubstance hétérogene & magnétique est cause que quelques-uns de ces grains sont attirés par l'Aimant.

ARTICLE II.

De la Ductilité & Gravité spécifique de la Platine.

I. EXPÉRIENCE.

QUELQUES-UNS des grains de Platine les plus purs ont souffert d'être considérablement applatis sur l'enclume à petits coups de marteau, sans se rompre ni se fendre ; ceux qui se sont entre-ouverts ont découvert un tissu serré & grené. Les uns & les autres peuvent se réduire en poudre à grands coups de pilon dans un mortier de fer ; étant rougis, ils paroissent plus cassans que lorsqu'ils sont froids.

II. EXPÉRIENCE.

La pesanteur de la Platine, avec le mélange des parties hétérogenes, telle qu'elle nous est apportée, est à celle de l'Eau comme 16995 à 1000. La portion pesée pour fixer ce rapport, étoit de deux mille grains.

Les plus gros grains de Platine séparés par le tamis des corps étrangers, autant qu'il étoit possible, purifiés à l'aide du feu, tenus ensuite pendant long-tems dans l'Eau-forte bouillante, mêlés avec le Sel ammoniac qu'on a fait ensuite sublimer, bien lavés, ont pesé dans l'Air 642, & dans l'Eau 606, 75; de façon que leur gravité spécifique est à-peu-près 18, 213 : cependant le Microscope découvre encore dans les petits creux une quantité considérable de matiere noirâtre.

Ces Expériences ont été réitérées sur différentes portions de Platine, & le résultat a toûjours été à-peu-près le même.

Remarque.

La pesanteur de ce Minéral, quelque grande qu'elle paroiſſe, ſeroit probablement encore plus forte s'il étoit plus purifié, puiſqu'il eſt manifeſtement mêlé avec des matieres hétérogenes & legeres.

ARTICLE III.

De la Platine expoſée au Feu ſans addition.

I. EXPÉRIENCE.

UNE portion de Platine, telle qu'on la reçoit avec ſon mélange de parties hétérogenes, ayant été tenue aſſez long-tems rouge dans une cuiller de Fer, les particules luiſantes ſe ſont un peu ternies, & les particules ci-devant magnétiques n'étoient plus attirées par l'Aimant : au reſte il ne s'y eſt trouvé aucun changement ſenſible.

II. Expérience.

Une once de Platine purifiée a été tenue pendant plus d'une heure à l'ardeur la plus vive du charbon de terre embrasé, dans un fourneau à vent. La violence de ce feu a vitrifié le creuset de Mine de Plomb d'Angleterre, & liquéfié le tuilot qui le couvroit. Les grains de Platine se sont trouvés cohérer ensemble par leurs superficies, sous la forme d'un culot ou du fond du creuset, & d'une couleur plus brillante qu'auparavant ; mais en frappant la masse d'un coup médiocrement fort, ils se sont séparés de nouveau, sans paroître avoir changé de figure.

III. Expérience.

En répétant plusieurs fois cette Expérience, on a remarqué que les grains de Platine commencent à s'unir lorsqu'ils prennent un rouge pâmant ; à ce degré de chaleur ils sont encore fort aifés à féparer, & paroiffent s'unir de plus en plus à mefure que le feu eft augmenté.

Dans les feux les plus violens, & auxquels les vaiffeaux ordinaires n'ont pû long-tems réfifter, la Platine ne s'eft ni fondue ni amollie ; elle n'a ni changé de figure, ni perdu fenfiblement de fon poids. La couleur s'eft ordinairement ternie à une chaleur modérée ; à mefure qu'on a augmenté celle-ci, la couleur eft conftamment devenue plus claire, plus brillante : lorfqu'au plus haut point de fa chaleur on a éteint la Platine dans l'eau froide, les grains intérieurs de la maffe ont acquis une couleur purpurine ou violette.

IV. Expérience.

Comme l'action du feu fur les Subftances métalliques & terreufes eft augmentée d'une façon finguliere par le contact immédiat des charbons & l'impulfion de l'air fur les matieres,

matieres, on y a expofé la Platine de la maniere fuivante.

On a mis un lit de charbon dans un creufet couché fur le côté, & l'on a enfuite étendu quatre onces de Platine fur le charbon, puis tourné la bouche du creufet vers la tuyere du foufflet. Le feu a été dirigé fur la matiere avec la plus grande violence pendant plus d'une heure, & durant tout ce tems une flamme vive & blanche a continuellement circulé par le creufet, & eft fortie par une ouverture pratiquée à cette intention. Le creufet s'eft vitrifié ; les grains de Platine fe font feulement joints par leur fuperficie, & font devenus plus brillans, comme dans l'Expérience précédente, fans qu'ils paruffent s'être amollis, ou avoir fouffert le moindre changement dans leur premiere forme.

V. Expérience.

Cette Expérience a été réïtérée

plufieurs fois , & même variée en jettant du Sel fur les charbons au-devant du creufet , & en chaffant fortement la vapeur fur la Platine.

VI. Expérience.

Une portion de Platine fut placée devant la tuyere du foufflet dans un feu de charbons de terre fi violent , que le bout d'une barre de Fer s'y fondoit prefque dans l'inftant ; mais ce fut fans effet : une fois feulement quelques gouttes globulaires pafferent de la groffeur du petit Plomb ; ces petits globules fe briferent facilement fur l'enclume , & parurent tant à l'extérieur qu'à l'intérieur comme le refte de la Platine.

Remarque.

Il eft plus que probable que la fufion de ces globules doit s'attribuer à quelque mêlange accidentel (peut-être de Fer), puifque le refte de ces grains expofé pendant un tems encore plus confidérable à un feu même fupérieur, n'a paru fouffrir aucun changement dans fa forme, ni donné de figne de fufion.

ARTICLE IV.

De la Platine traitée avec les Flux.

LA Platine a été encore expofée conjointement à différentes fubftances qui facilitent & accélerent la fufion d'autres corps, ou qui y occafionnent des changemens confidérables.

I. EXPÉRIENCE.

Mêlée avec la poudre de charbon, incorporée avec des mêlanges de Charbons, Suie, Sel & Cendres de bois neuf, Subftances dont on fe fert dans la réduction du Fer en Acier, elle n'a fouffert nul changement, ni quant au poids, ni quant à l'apparence, foit qu'on y ait employé toute la violence du feu , foit qu'on l'ait tenue en Cémentation pendant de longs efpaces de tems.

II. Expérience.

La Platine a été projeftée dans le Borax en fufion , & continué pendant plufieurs heures dans le feu le plus ardent , fans recevoir la moindre altération. Les Flux blancs & noirs , le Sel marin , les Alkalis fimples & cauftiques , n'y ont produit aucun effet fenfible.

III. Expérience.

Les Subftances vitreufes n'ont pas mieux réuffi que les falines ; la Platine a été tenue pendant plufieurs heures dans le feu le plus vif avec le Verre commun , ainfi qu'avec le Verre d'Antimoine & celui de Plomb , fans qu'ils ayent paru lui faire éprouver le moindre changement.

IV. EXPÉRIENCE.

La Platine a auſſi été ſtratifiée avec le Plâtre de Paris, qui eſt un puiſſant flux pour le Fer forgé, le corps métallique de plus difficile fuſion que l'on connoiſſe ; mais en vain. On l'a pareillement cémenté avec la Chaux vive & de la Pierre à Fuſil calcinée ; mais avec auſſi peu de ſuccès que dans les tentatives précédentes.

V. EXPÉRIENCE.

Le Nitre, qui réduit en chaux toutes les Subſtances métalliques connues, excepté l'Or & l'Argent, a été mêlé à poids égal avec la Platine. Le mélange projecté mis dans un creuſet embraſé, & le feu tenu au plus haut degré pendant un tems conſidérable, il n'y a point eu de détonation ; & la Platine dégagée de ce Sel par des lotions réitérées, s'eſt trouvée en tout conforme à ſon premier état, sans avoir souffert la moindre diminution.

ARTICLE V.

De la Platine traitée avec le Soufre.

I. EXPÉRIENCE.

UNE once de Platine a été étendue sur deux onces de Soufre qu'on avoit mêlé préliminairement à du Charbon pilé, pour qu'il ne devînt pas fluide au feu, & qu'il pût, en soûtenant la Platine, l'empêcher d'aller au fond.

Le creuset, sur lequel on en avoit ajusté un autre percé par son fond, a été tenu au fourneau de Cémentation pendant plusieurs heures. Lorsque le Soufre a été entierement évaporé, on a lavé la Platine avec un peu d'eau, pour la séparer du charbon, & elle a été trouvée telle qu'elle étoit auparavant, sans augmentation ni diminution.

II. EXPÉRIENCE.

Nous avons varié cette Expérience, en projectant à diverses reprises des morceaux de Soufre sur la Platine échauffée autant qu'il est possible, & nous avons constamment trouvé que le Soufre n'avoit pas plus d'action sur ce Minéral que sur l'Or même.

III. EXPÉRIENCE.

Comme l'addition des Sels alkalis communique au Soufre la propriété de dissoudre l'Or, la Platine a été pareillement exposée au feu avec cette mixtion de Soufre & de Sel alkali fixe, qu'on appelle communément Foie de Soufre. L'ayant laissé pendant quelque tems à un degré considérable de chaleur, & remuant de tems-en-tems la matiere, une très-petite quantité de Platine a demeuré sous sa forme naturelle, & la plus grande partie a été absorbée par ce composé sulphureux-salin, de façon qu'elle s'est dissoute avec lui dans l'eau.

REMARQUES GÉNÉRALES.

Il paroît donc par les Expériences & observations précédentes,

1°. Qu'il est vraisemblable que ce Minéral est originairement trouvé en masses grandes & dures, composées de la Platine proprement dite ; d'une Substance semblable au Sable noir de Virginie, d'une autre matiere ferrugineuse de la nature de l'Emeri, d'un peu de Spath, & de quelques particules d'Or.

2°. Que ce n'est pas sans un grand travail que ces masses sont réduites en petits grains, qui sont ensuite triturés avec le Vif-argent, afin d'en extraire l'Or.

3°. Que la Platine simple & pure est une Substance métallique, blanche, & malléable jusqu'à un certain point ; que ce Métal est à peu de

chose

chose près auſſi peſant que l'Or, également fixe au feu , non moins indeſtructible par le Nitre qu'inaltérable
par le Soufre , & ſoluble par l'Hépar
ou foie de Soufre , ainſi que ce Roi
des Métaux.

4°. Qu'elle ne ſçauroit être miſe
en fuſion par le plus grand degré de
feu qu'il ſoit poſſible de donner
dans les fourneaux ordinaires , ſoit
qu'on l'expoſe à ſon action dans des
vaiſſeaux fermés , ou qu'elle ait un
contact immédiat avec les matieres
combuſtibles , avec ou ſans l'addition des Flux inflammables , ſalins ,
vitreux ou terreux.

G

SECOND MEMOIRE.

La Platine traitée avec les différens Sels.

LEs propriétés les plus manifes-tes de ce Minéral singulier, la façon dont il se comporte dans le feu, soit seul, soit uni aux diverses substances auxquelles les Chimistes ont donné le nom de Flux, ont fait le sujet de notre premier Mémoire. Dans celui-ci nous nous proposons d'examiner les effets qu'ont sur lui les Esprits acides, simples & com-posés, appliqués en diverses manie-res, afin de pouvoir déterminer non-seulement les rapports (*habitus*) qui peuvent être entr'eux & lui, mais aussi les accords ou différences moins sensibles qu'il se trouvera avoir avec les corps métalliques, dont l'histoi-re nous est mieux connue.

La Platine dont on a fait usage dans les Expériences suivantes, a été préliminairement dégagée des poussieres par le tamis, du Vif-argent par l'ignition, de l'Or & autres parties hétérogenes avec le secours de la loupe.

ARTICLE PREMIER.

De la Platine traitée avec l'Acide vitriolique.

I. EXPÉRIENCE.

DIFFÉRENTES portions de Platine ayant été mises en digestion pendant plusieures heures à une chaleur douce avec l'acide vitriolique, tant concentré qu'étendu en différentes quantités d'eau, il n'en est résulté aucune dissolution ni altération sensible, soit dans la Platine, soit dans le menstrue.

II. EXPÉRIENCE.

On a fait bouillir dans un matras

pendant quelques heures trois onces d'Huile de Vitriol très-déphlegmée, avec une once de Platine. La liqueur s'est trouvée au bout de ce tems, à peu de chose près, en même quantité que lorsqu'on l'y avoit mise, & ni elle ni la Platine n'ont pas souffert le moindre changement.

III. Expérience.

On a tranché la partie supérieure du matras immédiatement au-dessus de la liqueur, & augmenté le feu par degré, jusqu'à ce que l'humidité fût entierement exhalée, & la Platine devenue seche & rougie par la violence du feu : après l'avoir ensuite laissé refroidir, l'avoir lavée, desséchée & bien édulcorée, elle s'est trouvée précisément du même poids qu'auparavant, & les grains dont elle est composée n'ont paru ni divisés, ni même corrodés.

Remarque.

La Platine paroît donc résister

complettement à l'acide vitriolique, qui par l'un ou l'autre des précédens procédés, diſſout ou corrode tous les corps métalliques connus, à l'exception de l'Or.

ARTICLE II.

De la Platine traitée avec l'Acide marin.

I. EXPÉRIENCE.

DE l'Eſprit de Sel, tant concentré qu'affoibli par l'affuſion de différentes proportions d'eau, ayant été mis en digeſtion à une chaleur modérée, avec le tiers de ſon poids de Platine, les liqueurs ne ſe ſont point colorées, & la Platine n'a été ni changée, ni diminuée.

On l'a enſuite fait bouillir longtems dans ces liqueurs, qui enfin ſe ſont évaporées, & elle n'en a reçu aucune altération ſenſible.

II. Expérience.

On a garni le fond d'un creuset de trois onces d'un mêlange de deux parties de Sel commun décrépité , & de trois parties de Vitriol calciné au rouge ; & deſſus on a étendu une once de Platine, qu'on a recouvert enſuite avec une autre portion de ce compoſé.

Le creuſet exactement lutté , a été tenu obſcurément rouge pendant pluſieurs heures : lorſqu'il a été refroidi , le mêlange ſalin s'eſt trouvé fondu en une ſeule maſſe ; & la Platine qui s'étoit précipitée au fond , ayant été dégagée du mêlange par la lotion , a conſervé ſa premiere apparence quoiqu'elle ait perdu un peu de ſon poids.

III. Expérience.

Le même procédé a été répété avec le Cément royal , qui eſt un mêlange moins fuſible , compoſé de

Sel marin & de Colcothar, de chacun une partie, & de quatre parties de briques rouges pulvérisées. On a donc entouré une once de Platine avec six onces de cette composition, de la façon décrite ci-dessus ; & on l'a tenue ainsi en cémentation l'espace de vingt heures, pendant lequel tems le creuset a toûjours été rouge. La Platine en étant retirée & lavée, n'a point paru changée en apparence, quoiqu'elle ait perdu quelque chose de son poids, ainsi que dans le procédé précédent.

R E M A R Q U E.

L'Acide marin ainsi détenu dans le feu par la combinaison des autres corps, jusqu'à ce qu'il soit fortement échauffé, & alors dégagé en forme de vapeur, dissout ou corrode toutes les substances métalliques connues, à la reserve de l'Or seul. Comme les surfaces des grains de Platine ont toûjours retenu dans cette Expérience leur poli primitif, fans la moindre marque de corrofion, l'on peut préfumer que ce Minéral avoit pareillement réfifté aux vapeurs acides du Sel, & que la diminution de poids doit s'attribuer à ce que quelques-uns des plus petits grains auront été entraînés dans le lavage, avec le Colcothar ou terre métallique du Vitriol ; accident qu'il n'eft pas facile de prévenir.

IV. EXPÉRIENCE.

La Platine a été enfuite expofée à l'action du Sublimé corrofif, qui eft une combinaifon de l'acide marin au plus haut degré de concentration, uni à une Subftance volatile, qu'il quitte à un degré de feu proportionnel, pour s'unir à d'autres corps métalliques.

Une once de Platine a donc été étendue fur trois onces de Sublimé corrofif. Le verre étant couvert &

mis au Bain de Sable, après un feu modéré de quelques heures, le sublimé s'eft trouvé attaché en entier au haut du vaiffeau, & a laiffé la Platine dans le fond, avec le même poids & la même apparence qu'avant l'opération.

V. Expérience.

Cinquante grains d'un mélange d'un tiers de Platine & de deux tiers d'Or fondus enfemble, & battus en une lame très-mince, ont été mis au Cément royal dans un creufet bien lutté, qu'on a tenu fort longtems rouge. En examinant enfuite la lame, elle a été trouvée avoir confervé l'œil blanc & la fragilité que l'Or reçoit toûjours de fa mixtion avec une proportion auffi confidérable de Platine. Elle ne pefoit gueres que 49 $\frac{1}{2}$ grains, & avoit ainfi perdu un centieme de fon poids.

Remarque.

Le déchet ne paroît pas être provenu ici de la Platine, mais de l'alliage dans l'Or même ; lequel Or, quoiqu'au-dessus du titre, n'étoit pas cependant au suprême degré de fin : car la même lame cémentée une seconde fois avec la même quantité de cément & de la même maniere, n'a plus souffert de diminution. De plus, si l'Acide marin étoit capable de dissoudre la Platine, au lieu d'un centiéme, près d'un tiers auroit été enlevé.

Cette Expérience démontre donc avec certitude la résistance de notre Métal aux vapeurs du Sel marin, & que le Cément royal, ainsi nommé d'après l'idée où l'on a constamment été jusqu'à ce jour qu'il purifioit l'Or de toutes matieres métalliques hétérogenes, n'est pas capable de séparer la Platine d'avec ce Métal.

ARTICLE III.

De la Platine traitée avec l'Acide nitreux.

I. EXPÉRIENCE.

LA Platine a été mise en digestion à feu modéré avec trois fois son poids d'Eau-forte citrine, ainsi que dans l'Esprit de Nitre étendu dans différentes quantités d'eau, & cela pendant un temps considérable.

Pendant cette digestion quelques bulles se sont fait appercevoir comme si une solution commençoit à avoir lieu ; mais la liqueur n'a acquis aucune couleur, & la Platine lavée, puis séchée, n'avoit point changé d'apparence ni perdu de son poids. La chaleur ayant été ensuite augmentée au point de faire bouillir fortement les menstrues, & continuée ainsi jusqu'à leur entiere évaporation, il n'a paru aucune altération dans la Platine.

II. Expérience.

La Platine a été traitée avec des mélanges nitreux par des procédés analogues à ceux qui ont été décrits ci-deſſus, & faits avec le Sel marin: elle a été expoſée aux vapeurs nitreuſes, de la même maniere qu'elle l'avoit été aux exhalaiſons marines. Après une cémentation de pluſieurs heures à une chaleur qui rougiſſoit le creuſet, & avec un mêlange de trois parties de Vitriol calciné, & de deux parties de Salpêtre fondu, les grains de Platine ont été retirés non-ſeulement ſans altération extérieure, mais encore ſans le moindre déchet.

Remarque.

De toutes ces Expériences, il réſulte que la Platine réſiſte autant que l'Or à toute la force des Acides vitrioliques, marins & nitreux, quoique appliqués d'une maniere à être capables de diſſoudre tous les autres corps métalliques quelconques.

ARTICLE IV.

De la Platine diſſoute dans l'Eau régale.

I. EXPE'RIENCE.

L'EAU régale qui diſſout parfaitement l'Or, ayant été verſée ſur la Platine, a commencé à agir deſſus même à froid ; & à l'aide d'une chaleur modérée, elle l'a diſſous lentement ; d'abord elle a acquis une couleur jaune, qui eſt devenue de plus en plus foncée, à meſure que le menſtrue s'eſt chargé du Métal ; & lorſqu'il en a été ſaturé à un certain point, la couleur eſt devenue d'un rouge brunâtre ; quelques gouttes de cette ſolution ainſi chargée, ont teint une grande quantité d'eau d'une belle couleur d'Or

II. EXPÉRIENCE.

Cette Expérience a été répetée plusieurs fois avec différentes Eaux régales résultantes de la dissolution d'une partie de Sel marin, & d'une partie de Sel ammoniac, faite séparément dans quatre fois leur poids d'Eau-forte & retirée ensuite par la distillation : avec ces différens menstrues, & quelque Eau régale que j'aye employée, les phénomenes n'ont point varié.

III. EXPÉRIENCE.

Afin de déterminer la quantité du menstrue nécessaire pour cette solution, trois onces d'une Eau régale extrêmement concentrée, ont été affoiblies par l'Eau commune, & versées ensuite sur une once de Platine dans une cornue à laquelle on a joint son récipient : en appliquant ensuite une chaleur legere, le dissolvant a agi avec violence, & des vapeurs rouges se sont élevées en abondance. Lorsqu'environ les deux tiers de la liqueur ont ainsi passé, l'action étoit à peine sensible, quoique le feu eût été considérablement augmenté.

La liqueur distillée qui paroissoit d'un rouge pâle étant reversée sur le résidu dans la cornue, le dissolvant a commencé à agir de nouveau, & la solution à se faire; les vapeurs qui s'élevoient dans cette seconde distillation, étoient beaucoup plus pâles que celles qui avoient paru dans la premiere. Cette cohobation a été réitérée quatre fois, & la liqueur qui en provenoit est devenue moins foncée à chaque distillation. A la fin les vapeurs & l'action ont entierement cessé, quoiqu'on eût augmenté considérablement le degré du feu, & une bonne partie de la Platine est restée indissoute.

La dissolution a donc été decantée, & d'autre Eau régale étendue

dans l'eau, comme la premiere, ver-
fée fur la matiere ; la diftillation &
la cohobation renouveliées, & le
tout répété dans le même ordre
avec de nouvelle Eau régale, à l'exception d'une petite quantité de matiere noirâtre de laquelle nous par-
lerons ci-après.

Le total de l'Eau régale ainfi employée pour la diffolution d'une once de Platine, a été cinq onces ;
mais comme la couleur jaune des
dernieres folutions indiquoit qu'elle
n'étoit pas entierement faoulée, on
y a mis encore cinquante grains de
nouvelle Platine pour arriver au
point de faturation.

REMARQUE.

Il paroît par le procédé que nous
venons de décrire qu'une partie de
la Platine fe laiffe diffoudre dans en-
virons quatre parties & demie
d'Eau régale ; mais lorfque la digef-
tion a été faite dans des vaiffeaux
ouverts

ouverts felon la maniere ordinaire ,
les vapeurs qui s'élevent abondamment pendant les diffolutions métalliques fe diffipant, il en a fallu ajou-
ter plus d'une fois autant pour par-
venir au même but. Ce procédé peut
donc avoir fon utilité dans le Commerce , en l'appliquant aux diffolutions des Métaux en grand.

ARTICLE V.

*De la précipitation de la Platine
par l'Acide vitriolique.*

I. EXPÉRIENCE.

L'ACIDE vitriolique féparant
généralement tous les corps métalliques des menftrues où ils font
diffous, c'eft-à-dire les précipitant,
& même l'Or, cet Acide a été mêlé avec les folutions de notre Métal.

Lorfque la folution de Platine a été
premierement étendue avec l'eau ,

H

l'addition d'huile de Vitriol la plus concentrée n'y a causé ni précipitation ni changement de couleur, quoiqu'une quantité considérable y ait été versée à différentes reprises, & le mêlange tenu en repos pendant plusieurs jours.

II. Expérience.

L'huile de vitriol bien déphlegmée, versée sur une solution de Platine, qui n'avoit point été étendue avec l'eau, comme la précédente, l'a rendue trouble sur le champ, & il s'est précipité une poudre d'une couleur sombre. Ce précipité ne s'est point redissous en versant de l'eau sur la liqueur ; & la précipitation n'a été ni empêchée ni interrompue, lorsqu'on y a jetté de l'eau un instant après y avoir versé l'huile de Vitriol.

ARTICLE VI.

De la cryſtalliſation de la Platine.

DEs ſolutions de Platine évaporées à une chaleur douce
au point convenable, & miſes dans
un endroit frais, ont donné des
cryſtaux preſqu'opaques, d'un rouge foncé, feuilletés comme des
fleurs de Benjoin, mais plus épais.
Ces Cryſtaux lavés avec de l'Eſprit-de-vin ſont devenus plus pâles,
mais toutefois d'une couleur exaltée, & ſemblable au ſafran le plus
foncé : expoſés au feu, ils ont paru
ſe fondre, ont donné des fumées
blanches, & ſe ſont enfin convertis
en une chaux griſâtre.

H ij

ARTICLE VII.

Effets de la diſſolution de la Platine ſur le Marbre & les Subſtances animales.

AYANT verſé de la ſolution de Platine ſur du Marbre chaud, elle l'a corrodé ſur le champ, ſans cependant lui communiquer aucune teinture, différente en cela des ſolutions d'Or & de quelques autres Métaux : elle n'a point non-plus coloré ni taché la peau, les plumes, l'yvoire & autres ſubſtances animales, que les liqueurs qui tiennent de l'Or en diſſolution, teignent d'une couleur pourprée.

ARTICLE VIII.

De la précipitation de la Platine par l'Etain.

I. EXPÉRIENCE.

COMME la moindre portion d'Or contenue dans une liqueur, se décele par la couleur purpurine qu'on y produit par le moyen de l'Etain, on en mit des lames polies dans une solution de Platine étendue avec de l'eau. Elles parurent en peu de tems d'une couleur olivâtre foncée, & bientôt après furent couvertes d'une matiere d'un brun rougeâtre. La liqueur devient d'abord d'une couleur foncée ; mais à mesure que le précipité tombe, elle s'éclaircit, & demeure à la fin presque sans couleur, sans laisser appercevoir la moindre nuance tendante au pourpre.

II. EXPÉRIENCE.

La Platine ayant été mise en digestion dans une quantité d'Eau régale, insuffisante à son entiere dissolution, & le restant dans d'autre Eau régale, les deux solutions traitées comme ci-dessus ont produit des phénomenes un peu différens ; mais sans que la moindre tendance à la couleur pourpre ait pû se remarquer dans l'une ou dans l'autre.

Une de ces dissolutions que la couleur jaune dénotoit n'être pas suffisamment chargée, étant étendue dans l'eau, est devenue presque sans couleur ; cependant lorsqu'on y a mis les lames d'Etain, elle est redevenue jaune, puis rouge, & enfin d'un rouge obscur tirant sur le brun, mais beaucoup plus foncé que celui de l'autre solution plus saturée.

L'ayant laiſſée repoſer pendant quelque tems, elle eſt devenue parfaitement tranſparente, & a dépoſé un précipité d'un jaune plus pâle.

III. Expérience.

Pour pouvoir déterminer ſi la Platine étoit capable d'empêcher une petite portion d'Or de ſe manifeſter dans cette épreuve, on laiſſa tomber une ſeule goutte de ſolution d'Or dans pluſieurs onces de ſolution de Platine étendue avec l'Eau commune; & dès que quelques lames d'Etain y ont été miſes, le tout eſt devenu ſur le champ d'un beau pourpre.

Remarque.

Il eſt à propos d'obſerver dans ces ſortes d'Expériences, que les lames polies d'Etain ſont bien préférables aux ſolutions d'Etain dont on ſe ſert ordinairement; car elles ne produiſent point la couleur pourpre, ſi l'on n'obſerve pas certaines circonstances qu'il n'est pas facile de rencontrer toûjours ; au lieu que l'Etain en substance réussit constamment, & ne demande aucune préparation particuliere.

ARTICLE IX.

Effet des Esprits ardens ou sulphureux sur la Platine.

I. EXPÉRIENCE.

COMME l'Or est revivifié des dissolutions par les Esprits ardens, & s'éleve alors insensiblement à la surface de la liqueur sous la forme d'une pellicule jaune & luisante, une solution de Platine fut mêlée dans une quantité considérable d'Alcohol ou Esprit de vin très-rectifié, & exposée au soleil pendant plusieurs jours dans un Verre évasé, couvert simplement d'un papier pour empêcher la poussiere d'y tomber. On n'y a pas vû

la

la moindre apparence de pellicule
jaune ou d'autre altération quelcon-
que, si ce n'est que le fluide s'étant
évaporé, la Platine avoit commencé à se crystalliser.

II. Expérience.

Ayant laisser coulé quelques
gouttes de solution d'Or dans une
solution de Platine mêlée à l'Esprit-
de-vin, comme ci-dessus, & l'ayant
exposée au soleil de la même maniere, une petite pellicule dorée
s'est fait appercevoir au bout de
peu de jours à sa surface.

Remarque.

Il s'ensuit de cette Expérience
avec l'Esprit-de-vin, ainsi que de la
précédente avec l'Etain, que la Platine ne contient point d'Or, &
qu'elle ne sçauroit, non-plus que les
autres Corps ou Substances métalliques, empêcher qu'une très-petite
portion d'Or qui y seroit mêlée ne
se découvrît.   I

ARTICLE X.

*De la précipitation de la Platine
par les Alkalis.*

I. EXPÉRIENCE.

L'ESPRIT de Sel ammoniac ou l'Alkali volatil préparé, soit par la Chaux vive, soit par le moyen d'un Sel alkali fixe ajoûté aux solutions de Platine étendues avec de l'Eau distillée, a précipité une belle Poudre rouge brillante, qui desséchée & exposée au feu dans une cuillier de fer, est devenue noirâtre sans fulminer le moins du monde, au lieu que la Chaux d'Or préparée & traitée de cette maniere, détonne violemment.

En lavant ce Précipité sur le filtre avec de l'Eau distillée, il s'est presque entierement dissous par des lotions réitérées ; seulement une petite quantité de matiere noirâtre est demeurée fur le filtre. La liqueur qui avoit paffé au-travers , étant de la couleur d'une belle diffolution d'Or bien chargée : une très-grande quantité de ce fluide a ainfi été teint par une petite quantité du Préci-pité.

II. Expérience.

Le Sel d'Abfynthe , la liqueur du Nitre fixé par les charbons , le *Lixivium Saponarium* de la Pharmaco-pée de Londres , ont précipité une Poudre femblable à la précédente , & feulement moins brillante.

III. Expérience.

Le Sel ammoniac même , quoi-qu'un des ingrédiens auquel le menf-true devoit fa faculté de diffoudre la Platine , en a précipité une grande partie fous la même forme de Pou-dre rouge.

IV. Expérience.

Les liqueurs reſtantes après chacun de ces Précipités par les Subſtances ſalines, paroiſſoient encore d'un jaune preſque auſſi foncé qu'auparavant. En vain y ajoûtoit-on alternativement des Alkalis fixes & volatils, la liqueur reſtoit toûjours colorée ; mais lorſque la précipitation avoit été faite par le Sel ammoniac, alors en mettant indifferemment l'un ou l'autre de ces Alkalis, il ſe formoit un nouveau Précipité, & la liqueur demeuroit privée de toute couleur.

V. Expérience.

De même l'introduction des lames d'Etain dans la ſolution, après que quelqu'un des Sels avoit fait tomber tout ce qu'il étoit capable de précipiter, occaſionnoit une précipitation complette & nouvelle, pourvû qu'un tant-ſoit-peu d'Eau régale fût ajoûtée pour mettre le menſtrue en état d'agir ſur le Métal.

VI. Expérience.

Comme l'Or eſt totalement précipité par les Sels alkalis, & que la Platine ne l'eſt qu'en partie, comme de plus la plus petite portion de Platine teint en jaune une quantité ſurprenante du fluide, l'on préſume que le moindre mêlange de Platine avec l'Or pourroit ſe découvrir de cette maniere. On délaya donc quelques gouttes de ſolution de Platine en plus de cent fois cette quantité d'une ſolution d'Or ; on étendit le tout avec de l'eau diſtillée, & on y projecta à diverſes repriſes du Sel alkali pur, juſqu'à ce que l'efferveſcence & puis la précipitation euſſent entierement ceſſé. La liqueur reſta d'un jaune ſi foncé, que l'on a jugé que quand il n'y en auroit qu'une partie ſur mille alliée avec l'Or, elle ſe décéleroit d'abord.

I iij

ARTICLE XI.

*De la précipitation de la Platine
par les Substances métalliques.*

I. EXPÉRIENCE.

LE Zinc qui précipite entierement tous les autres corps métalliques connus, ayant été mis dans une dissolution de Platine étendue comme ci-dessus, fut attaqué rapidement, & précipita une Chaux noirâtre. Après cette précipitation la liqueur conservoit encore en grande partie sa teinture jaune, ainsi partie de la Platine y étoit encore suspendue.

II. EXPÉRIENCE.

Le Fer qui précipite tous les Métaux, excepté le Zinc, occasionna une Chaux pareille. On ne pouvoit cependant pas distinguer à l'œil si la précipitation étoit complete, la solution de Fer & celle de Platine se ressemblant assez pour la couleur.

III. Expérience.

Le Cuivre qui précipite l'Or & le Vif-argent, précipita bien - tôt notre Métal sous la forme de Chaux grisâtre, qui à l'essai fut trouvée avoir retenu une portion considérable de Cuivre. La liqueur restante étoit d'un vert plus sombre que les dissolutions ordinaires de Cuivre ne le font, ce qui doit apparemment s'attribuer à quelque portion de Platine qui s'y trouvoit suspendue.

IV. Experience.

Le Mercure qui ne sépare que l'Or seul d'avec l'Eau régale, ayant été mis dans une solution étendue de notre Platine, parut au bout d'un peu de tems être divisé & ne pas se mouvoir librement : peu à près on le vit couvert d'une matiere grisâtre qui fut prise d'abord pour un Précipité ; mais on reconnut ensuite que c'étoit une portion du Vif - ar-

gent même qui avoit été corrodé.
En appliquant une chaleur modérée,
tout le Mercure, dont la quantité
étoit fort confidérable, fut diſſous
ſans qu'il s'enſuivît aucune précipitation.

Cette Expérience a été répétée
avec plus de Vif-argent que le menſtrue n'en pouvoit diſſoudre, & alors
la Platine s'eſt dépoſée peu -à- peu
parmi le Mercure indiſſous, en une
poudre brune foncée, & la liqueur
eſt reſtée preſque ſans couleur.

V. Expérience.

Une diſſolution d'Or ayant été
mêlée à une diſſolution de Platine,
n'a point occaſionné de précipitation, ni donné d'œil louche à la liqueur. Ce mélange étendu avec de
l'Eau, & tenu pendant un certain
tems en repos, s'eſt trouvé couvert
d'une pellicule dorée à ſa ſurface.

VI. Expérience.

Une solution de Platine imprégnée de tout le Mercure qu'il lui étoit possible de diffoudre , & enfuite un peu concentrée par l'évaporation , afin de la difpofer à la cryftallifation, a fourni des Cryftaux qui ne reffembloient en rien à ceux de la Platine: ils étoient hériffés de pointes femblables à des aiguilles , d'un œil jaunâtre à l'extérieur ; & lavés dans l'Efprit-de-vin , ils fe font entierement décolorés : expofés au feu ils ont abondamment donné des vapeurs blanches , avec une efpece de fifflement ou de décrépitation , & ont laiffé une très-petite quantité de poudre rougeâtre.

VII. Expérience.

Une folution d'Or & de Platine étant unies enfemble & traitées de la même façon, il s'eft formé des Cryftaux couleur de Rubis ; on a reconnu enfuite qu'ils étoient principalement compofés d'Or, & n'avoient qu'une très-petite quantité de Platine.

REMARQUE.

Il s'enfuit donc que le Mercure & l'Or diffous fe cryftallifent plûtôt que la Platine, & laiffent fufpendue dans la liqueur la plus grande partie de ce dernier Métal. Ce phénomene mérite des recherches ultérieures, fur-tout en ce qui concerne l'Or.

ARTICLE XII.

De la Chaux ou Précipité de Platine mêlé au Verre.

COMME les Chaux des Métaux, obtenues par la précipitation d'avec les Acides ou par d'autres voies, fe vitrifient avec la Fritte ou le Verre, & teignent l'un & l'autre en diverfes couleurs; & parce que ce procédé eft préconifé par certains Auteurs, comme un moyen propre à découvrir la nature des Corps métalliques inconnus, les Expériences ſuivantes ont été faites avec le Précipité de notre Métal.

I. Expérience.

Une demi-once de Précipité de Platine, obtenu par le moyen des lames d'Etain, a été triturée dans un Mortier de Fer avec huit fois ſon poids de Verre blanc, le mêlange mis dans un creuſet bien lutté & poſé dans un fourneau à vent.

Le feu a été augmenté par degrés, & continué dans ſa plus grande violence pendant dix heures; le creuſet étant retiré du fourneau & caſſé, la matiere a paru d'une couleur obſcure & noirâtre, opaque & friable, parſemée d'une Subſtance blanchâtre, luiſante, & viſiblement métallique.

REMARQUE.

Il est probable que cette matiere métallique n'est autre chose que la Platine, & que le Verre ne doit point sa couleur foncée & son opacité à ce Métal, mais à l'Etain du Précipité, à quelques molécules de Fer enlevées du mortier pendant la trituration, & autres causes accidentelles.

II. Expérience.

Un quart d'once de Précipité de Platine obtenu par le Sel alkali, a été mêlangée dans un mortier avec douze fois son poids de Verre blanc, & l'on y a donné le même feu que dans l'Expérience précédente : il en est résulté un Verre compact, nébuleux, assez transparent ; en morceaux minces, & couverts en partie d'une incrustation blanchâtre. Vers la surface & tout-autour des parties latérales, on observoit plusieurs particules de Métal qui paroissoient à

l'œil polies & luifantes comme la
Platine, & qu'on trouvoit dures
lorfqu'on y touchoit avec la pointe
d'un couteau.

REMARQUE.

Il ne paroît pas ici que la Platine
ait communiqué au Verre la moindre qualité, les changemens obfer-
vés en ce dernier n'étant que ceux
qu'on y apperçoit ordinairement,
toutes les fois qu'il fe trouve legere-
ment imprégné de quelque matiere inflammable.

REMARQUES GÉNÉRALES.

Il réfulte des Expériences rapportées dans ce Mémoire, 1°. que la Platine, ainfi que l'Or, n'eft point at-
taquée par les Acides fimples, qui
diffolvent tous les autres Corps métalliques.

2°. Que l'Eau régale, le diffolvant de l'Or, l'eft auffi de la Platine;
& qu'ainfi les méthodes ordinaires

de purifier l'Or par le moyen de
l'Eau-forte, de l'Eau régale, du Cément royal, ne peuvent plus suffire.

3°. Que la Platine diffère de l'Or
en ce qu'elle ne teint point les parties solides des animaux, en ce que
jointe à l'Etain elle ne donne point
une couleur pourpre, en ce qu'elle
n'est point revivifiée de ses dissolutions par les Esprits ardens, en ce
qu'elle n'est pas entierement précipitée par les Sels alkalis, & en ce
que dans certaines circonstances elle
sépare l'Or d'avec son dissolvant.

4°. Que ces propriétés nous donnent le moyen de découvrir une petite portion de Platine unie à une
grande quantité d'Or, & que la Platine ne contient point d'Or, excepté les petites particules que l'œil y
découvre.

5°. Que la Platine est précipitée
de ses dissolutions par l'Acide vitriolique & par les Substances métalliques qui précipitent l'Or, quoiqu'à

peine totalement par aucune de ces subſtances ; enfin que ces Précipités ſubiſſent très-difficilement la vitrification , & cela d'une maniere peut-être encore plus parfaite que l'Or même.

TROISIEME MEMOIRE.

La Platine combinée avec les Métaux.

NOUS avons dit dans les deux Mémoires précédens, comment la Platine se comporte avec les principales Substances qui agissent sur les Corps métalliques, & démontré que c'est un Métal simple, d'un genre particulier, essentiellement différent de tous ceux qu'on a connus jusqu'à ce jour, quoique cependant il ait plusieurs qualités que l'on avoit toûjours crû n'appartenir qu'à l'Or seul. Plusieurs de ses caracteres distinctifs ont déja été indiqués, d'autres paroîtront dans sa combinaison avec les autres Métaux. Malgré sa résistance opiniâtre à la fusion, lorsqu'il est exposé au feu le plus violent, soit seul, soit accompagné de Substances non métalliques, il se fond parfaitement avec ces dernieres, &

occasionne

occaſionne des changemens remarquables dans leur couleur, ainſi
que dans leur tiſſu & leur degré de
dureté.

ARTICLE PREMIER.

De la Platine combinée avec l'Etain.

I. EXPÉRIENCE.

PARTIES égales de Platine &
d'Etain pur furent projectées
dans un mêlange de Flux noir & de
Sel marin en fuſion , & expoſées à
un feu vif dans la Forge , au bout de
quelques minutes le tout parut parfaitement fondu ; verſé auſſi-tôt dans
une lingotiere étroite , il y coula
librement , & y forma un lingot
uni , à-peu-près du poids des matieres employées. Ce compoſé s'eſt
trouvé extrêmement fragile ; une
ſimple chûte l'a briſé , & à l'intérieur
il a paru d'un tiſſu ſerré & liſſe ,

K

quoique d'une furface inégale, & d'un gris foncé : avec une lime, & même en le grattant fimplement avec un couteau, on le réduifoit en une pouffiere noire.

II. Expérience.

Une partie de Platine & deux d'Etain couvertes de Flux noir, de Borax & de Sel commun, furent fondues dans un fourneau à vent, & la Platine parut parfaitement abforbée par l'Etain, peu après que le feu eut commencé à flamber. Le lingot perdit $\frac{1}{90}$ de fon poids : il reffembloit beaucoup au précédent ; mais il étoit un peu moins caffant, & d'une nuance un peu plus claire.

III. Expérience.

Une once de Platine & quatre d'Etain couvertes de Flux noir & de Sel commun, expofées à un feu vif, coulerent enfemble fans déchet. Ce compofé cédoit un peu aux petits coups de marteau , mais n'étoit cependant pas bien tenace ; un coup un peu fort le mit en morceaux , & raclé avec un couteau il se réduisoit en poussiere : à l'intérieur il sembloit rude & grené.

IV. Expérience.

Une partie de Platine & huit d'E-tain projectées dans un mélange de Flux noir & de Sel commun en fusion , se sont unies , & ont formé sans déchet une substance assez tenace : elle a souffert , sans se casser , d'être considérablement applatie sous le marteau , s'est laissée couper uniment par le ciseau , & séparer avec le couteau en tranches minces. On l'a bri-sée , & elle a paru d'une couleur obscure , quoique luisante , & d'un tissu à gros grains & raboteux.

V. Expérience.

Une partie de Platine & douze d'Etain traitées de la même manie-re , ont formé un composé assez ductile, mais cependant d'une nuance sombre & obscure, & d'un grain rude & grossier, quoiqu'un peu moins que le précédent.

VI. EXPÉRIENCE.

Un mélange d'une partie de Platine & de vingt-quatre parties d'Etain, ne s'est guere trouvé plus dur que l'Etain seul ; mais sa couleur étoit plus blanche, son grain plus fin, plus égal que celui des composés précédens, quoiqu'en l'un & l'autre de ces points fort inférieur à l'Etain pur.

VII. EXPÉRIENCE.

Plusieurs de ces composés couverts de Flux noir, mis d'abord en fusion, furent exposés dans des creusets exactement luttés au plus fort feu d'un fourneau à vent, qui fut continué pendant huit heures dans toute sa violence. Lorsqu'on les a retirés, ils se sont tous trouvés diminués d'environ $\frac{1}{40}$ du poids de l'Etain ; mais il n'y a eu aucune altération fenfible dans l'apparence ni dans la qualité, excepté que le mêlange paroiffoit plus uniforme, & le grain un peu plus fin.

VIII. EXPÉRIENCE.

La pefanteur finguliere de la Platine nous a engagé à examiner hydroftatiquement ces différens mêlanges, & nous avons trouvé que le poids fpécifique du compofé étoit conftamment moindre que le *medium* ou gravité commune des deux corps. Cette différence augmentoit ordinairement en raifon de la plus grande quantité de Platine qui y entroit, comme on peut voir dans la Table qui eft à la fin de ce Mémoire.

REMARQUES.

Il paroît par ces Expériences, que la Platine fe fond avec un poids égal d'Etain ; qu'elle détruit la malléabilité de près de quatre fois fon poids de ce Métal ; que les mélanges où ce dernier se trouve en plus grande proportion , forment un composé passablement ductile ; mais qu'il rend le tissu de l'Etain plus grossier , & en altere la couleur. La différence de couleur dans ces composés paroît bien moins à la pierre de touche qu'aux fractures des lingots. En les observant de près , ils sembloient tous évidemment plus sombres , plus obscurs que l'Etain seul , & cela en raison de la plus grande partie de Platine entrée dans le mêlange. Iis se ternissent à l'air ; mais ceux-là le moins où il entre beaucoup ou très-peu de Platine.

Il est à remarquer que quoique l'Etain soit un Métal qui se détruit très-vîte au feu, cependant en la plûpart des fusions rapportées ci-dessus , à peine y a-t-il eu sur le poids un déchet sensible. Cette singularité ne doit pas s'attribuer uniquement au mêlange de la Platine , mais en partie au Flux dont on a fait ufage, & particulierement à la courte durée de la chaleur.

Dans les Expériences 7 & 2, où le dechet a été le plus confidérable, le feu a été pouffé très-lentement, & continué long-tems.

ARTICLE II.

De la Platine combinée avec le Plomb.

I. EXPE´RIENCE.

LA Platine & le Plomb furent projectés à poids égal dans un mêlange de Flux noir & de Sel commun en fufion, & le feu fut pouffé vivement par le moyen d'un foufflet; mais il fallut un bien plus grand degré de chaleur pour fondre ce compofé, que lorfque la Platine étoit jointe à partie égale d'Etain : le déchet fut auffi beaucoup plus confidérable, & monta jufqu'à $\frac{1}{64}$ du total.

Ce composé se laissa difficilement entamer par la lime, & se brisa à un coup médiocrement fort : le tissu en étoit serré, mais la surface inégale, rude, & dentelée aux bords ; la couleur obscure, & tirant sur le violet.

II. Expérience.

Une partie de Platine jointe à deux de Plomb, couverte de Borax & de Flux noir, & exposée à un feu gradué dans un fourneau à vent, ne se fondit qu'à un degré de feu très-considérable ; & la continuation de la chaleur, dans cette Expérience, a fait monter la diminution à $\frac{1}{24}$ du poids total.

Le lingot étoit dur & fragile, ainsi que le précédent ; mais il présentoit une surface striée à la fracture.

III. Expérience.

Une once de Platine & trois de Plomb traitées de la même maniere, ont demandé encore un feu très-fort pour

pour entrer en parfaite fusion, &
perdu environ $\frac{1}{26}$ de leur poids.

Cette masse se cassoit moins facilement que la précédente, & cédoit
en quelque maniere au marteau : la
couleur en étoit aussi un peu plus
obscure, & tirant davantage sur le
violet.

IV. Expérience.

Une partie de Platine & quatre de
Plomb, couvertes de Flux noir &
de Sel commun, ont été mises dans
le fourneau à vent, & la Platine ne
s'est entierement absorbée qu'après
que le feu en a été augmenté au degré qui fait écailler le Fer. La perte
ou déchet a été d'un quarantieme.

Ces Métaux projectés en même
proportion dans un mêlange de Flux
noir & de Sel mis en fusion, & pous-
sés au degré de chaleur qu'on vient
de dire, se sont fondus presqu'à l'instant, & n'ont perdu qu'un cent soi-
xantieme.

L

Le lingot étoit plus tenace que le précédent, se limoit bien, & se coupoit assez uniment avec le couteau : on l'a cassé, & la partie supérieure paroissoit composée de lames luisantes, l'inférieure de grains obscurs, & tirant sur le violet.

V. Expérience.

Une partie de Platine & huit de Plomb s'unirent aisément à un feu vif, & ne perdirent que peu ou rien de leur poids ; le Métal pouvoit se travailler, & ressembloit à de très-mauvais Plomb. On le brisa, & le tissu parut composé en partie de fibres transversales, & en partie de grains d'une couleur sombre & pourprée.

VI. Expérience.

Une partie de Platine & douze de Plomb s'unirent sans perte en un composé peu différent du précédent. On le cassa, & son tissu parut un

peu plus ferré, & compofé principalement de fibres, avec une très-
petite quantité de grains.

VII. Expérience.

Un mêlange d'une partie de Platine & de vingt-quatre de Plomb,
ne s'eft trouvé guere plus dur que
du Plomb d'une qualité médiocre.
La couleur étoit toûjours tant-foit-
peu violette, & le tiffu fibreux :
mais les fibres étoient confidérablement plus fines que lorfque la Platine fe trouvoit jointe en plus grande
proportion.

VIII. Expérience.

Les compofés précédens paroif-
foient en général d'une couleur de
Fer foncée, lorfqu'ils venoient de
recevoir le poli ; mais expofés à l'air,
ils fe terniffoient fort vîte & pre-
noient un jaune brunâtre ou un pourpre foncé, qui bientôt devenoit
noirâtre. Ils fe limoient tous avec

netteté fans s'attacher aux dents de la lime, comme le Plomb feul a coûtume de faire.

IX. EXPÉRIENCE.

En expofant de nouveau ces compofés au feu, l'on a toûjours éprouvé que pour peu que la chaleur eût été diminuée après qu'ils étoient entrés en parfaite fufion, une grande partie de la Platine fe précipitoit ; que cependant le Plomb fluide que l'on décantoit de deffus, même dans un degré de chaleur au-deffous de l'ignition, retenoit encore affez de Platine pour le rendre d'un tiffu fin & fibreux, & d'une couleur pourprée.

Ces divers mêlanges couverts de flux noir, & tenus pendant huit heures en forte fufion dans des creufets exactement luttés, ont fouffert une diminution d'environ $\frac{1}{30}$ du poids du Plomb.

En caffant ceux qui contenoient une portion confidérable de Platine, ils ont paru d'un tissu feuilleté, tandis que ceux où la proportion de Platine étoit moindre ont montré un tissu fibreux ; & ce dernier paroît être en général le caractere ou signe de la parfaite union de notre Métal avec le Plomb : ils ont tous paru plus blancs & plus brillans qu'auparavant, mais se sont aussi ternis plus vîte à l'air. Un mêlange entr'autre de quatre onces de Platine & de douze onces de Plomb s'est brisé à la façon du Talc, en grands feuillets blancs & luisans, qui se sont bien-tôt changés à l'air en une couleur rougeâtre, purpurine, puis bleu foncé, & enfin par degrés plus lents en une couleur noirâtre.

X. EXPÉRIENCE.

En examinant hydrostatiquement ces composés, leurs gravités spécifiques se sont trouvées par l'évenement au-dessous de ce qu'elles sembloient devoir être par le calcul, mais non pas tant que ceux qui réfultoient de l'union de la Platine avec l'Etain, comme on peut le voir dans la Table.

REMARQUES.

Il paroît qu'une petite quantité de Platine est prise & tenue suspendue par le Plomb à une chaleur fort modérée, mais qu'une plus grande partie n'est pas à beaucoup près si promptement absorbée que par l'Etain ; & que lorsque cette union se fait à grand feu, à l'instant auquel on le diminue, elle se précipite en partie. Une petite quantité roidit & durcit le Plomb plus qu'il ne fait l'Etain ; mais une grande ne diminue pas à beaucoup près autant sa malléabilité.

Un tissu feuilleté ou fibreux, une couleur purpurine ou violette, ou au moins une disposition à prendre cette couleur à l'air, sont des qualités particulieres au mélange de notre Métal avec le Plomb.

ARTICLE III.

De la Platine combinée avec l'Argent.

I. EXPÉRIENCE.

PARTIES égales de Platine & d'Argent pur revivifié de la lune cornée, couvertes de Borax, & exposées à un violent feu de forge, se sont fondues ensemble parfaitement & sans perte ; mais le mêlange ne couloit pas librement dans la Lingotiere.

Le Lingot s'est trouvé très-dur à la lime ; un coup violent l'a brisé, quoiqu'il se laissât considérablement applatir à petits coups, & il a paru intérieurement d'une couleur beaucoup plus sombre & plus obscure que l'Argent, & d'un tissu plus grossier.

II. EXPÉRIENCE.

Une partie de Platine & deux

d'Argent couvertes de Salpêtre & de Sel commun, ne font entrées en parfaite fufion que lorfque le feu a été pouffé à un degré confidérable: ce compofé étoit moins fragile que le précédent, & refiftoit moins à la lime : le tiffu étoit auffi grené, plus menu & d'une couleur plus claire.

III. EXPÉRIENCE.

Une partie de Platine & trois d'Argent ont encore exigé un très-grand feu pour fe fondre. Le Métal qui en eft provenu étoit dur & fragile, mais moins que le précédent : lorfqu'il a été bien recuit à plufieurs reprifes, il s'eft laiffé battre & applatir en lames minces entre deux rouleaux d'Acier.

IV. EXPÉRIENCE.

Une partie de Platine & fept d'Argent fe font fondues avec facilité. Ce compofé fe laiffoit affez bien forger, & s'eft trouvé bien plus dur

que l'Argent , mais moins blanc &
d'un grain moins fin.

V. EXPÉRIENCE.

Ces composés pesés hydroſtati-
quement, ont paru ainſi que les précédens un peu plus legers que ne l'indiquoit le calcul ; mais la différence
qui auparavant paroiſſoit augmenter
avec la Platine, étoit ici au contraire la plus forte , quand la proportion de ce Métal étoit moindre ,
comme il paroît à la table , N°. 3.

REMARQUE.

La Platine paroît s'unir plus difficilement avec l'Argent qu'avec les
deux Métaux précédens, & lors même qu'elle ne s'y trouve qu'en très-
petite proportion , la plus grande
partie ſe précipite ou dépoſe au fond
lorſqu'on diminue le degré de chaleur au moyen duquel l'union s'eſt
effectuée. On prévient ceci en ver-
ſant tout-à-coup le Métal parfaite-

ment fondu dans une Lingotiere large, dans laquelle le composé commence à se figer avant que la Platine ait pû s'en séparer. Ce Métal diminue beaucoup moins la malléabilité de l'Argent que celle de l'Etain ou du Plomb ; & en quelque quantité qu'on l'employe, il en altere moins la couleur, & ne le dispose pas tant à se ternir à l'air.

ARTICLE IV.

De la Platine alliée à l'Or.

I. EXPE'RIENCE.

PARTIES égales de Platine & d'Or exposées à un feu violent se sont parfaitement fondues ensemble, & ont coulé très-librement dans une Lingotiere longue & étroite sans avoir souffert de déchet. Le Métal résulté de ce procédé étoit d'une couleur blanchâtre, dur à la lime, & fragile à un coup violent ; mais lorsqu'il a été suffisamment recuit , il s'étendoit confidérablement fous le marteau.

II. Expérience.

Une partie de Platine & quatre d'Or fe font fondues à un feu modéré ; cependant elles en demandent un affez fort pour leur parfaite union. Ce compofé ne paroiffoit guere plus pâle que l'Or fin allié à l'Argent *des monnoyes* (*a*) , & s'eft trouvé affez ductile pour être battu en lames-très-minces , fans fe caffer ni même fe fêler aux bords.

Ce compofé refondu avec du Borax & du Salpêtre eft devenu fort pâle , & n'a repris fa premiere couleur qu'avec bien de la peine.

(*a*) C'eft-à-dire que ce mêlange eft de la couleur des Guinées.

ARTICLE V.

De la Platine alliée au Cuivre.

I. EXPÉRIENCE.

PARTIES égales de Platine & de Cuivre exposées sans addition à un feu violent excité par l'action des soufflets, est bientôt devenu flui-de, quoiqu'épais, & a perdu environ $\frac{1}{64}$ de son poids.

Ce Métal cédoit à peine à la li-me ; on l'a cassé avec difficulté sur l'enclume, & il s'est éclaté lorsqu'-on a voulu le partager avec le ci-seau : il paroissoit intérieurement d'un tissu grossierement grené & de couleur blanche.

II. EXPÉRIENCE.

Une once de Platine & deux on-ces de Cuivre poussées à un feu vif au fourneau à vent, & sans qu'on y eût ajoûté aucune autre Substance, ent coulé avec affez de fluidité, fans prefque fouffrir de déchet. Ce Métal étoit encore fort dur, & ne cédoit guere au marteau. Il étoit plus foncé que le précédent, & d'une nuance rougeâtre.

III. Expérience.

Une once de Platine & quatre de Cuivre traitées de la même maniere, fe font unies fans perte en un compofé affez tenace, qui s'eft laiffé confidérablement étendre fous le marteau, partager avec le cifeau, & plier prefqu'en double avant de fe fendre ; à l'intérieur il paroiffoit d'un tiffu fin, & d'une couleur fort pâle.

IV. Expérience.

Un mêlange d'une once de Platine & de cinq de Cuivre, s'eft trouvé encore plus extenfible au marteau, & d'une couleur plus vive.

V. EXPÉRIENCE.

On a joint à la Platine huit fois son poids de Cuivre, & le composé a paru suffisamment tenace, obéissant bien aux coups de marteau, & ne se cassant que difficilement, mais d'une couleur encore pâle.

VI. EXPÉRIENCE.

Une partie de Platine étant mêlée à douze de Cuivre, le mélange a encore été plus susceptible d'extension que le précédent, & plus doux à la lime ; cependant il s'attachoit un peu à ses dents, ce que les composés où il entre plus de Platine ne font pas.

VII. EXPÉRIENCE.

Un mêlange d'une partie de Platine & de vingt-cinq de Cuivre étoit non-seulement un peu plus pâle que le Cuivre pur, mais encore considérablement plus dur & plus roide, quoique très-malléable.

En augmentant un peu davantage la proportion du Cuivre, il a toûjours retenu un certain degré de dureté, & eft devenu d'un beau couleur de rofe.

VIII. EXPE'RIENCE.

On a pefé dans la Balance hydroftatique les compofés dont on vient de parler, & la diminution fur la gravité fpécifique donnée par le calcul, a été plus réguliere que dans les mêlanges faits avec les autres Métaux, puifque la différence a toûjours augmenté en même raifon que la quantité de Platine. (*Voyez* la Table nº. 4).

REMARQUE.

Quoique généralement on n'ait point employé de Flux dans les fufions de cet article, il y a eu à peine un déchet fenfible, excepté dans la premiere Expérience, où la grande proportion de la Platine nous a contraints d'élever le feu à un degré de la derniere force. Il paroît qu'on doit attribuer ceci principalement à ce que la Platine empêche la ſcorification du Cuivre, puiſqu'en fondant du Cuivre ſeul nombre de fois avec & ſans Flux, on a trouvé à chaque fois quelque déchet.

Une petite quantité de Platine paroît accroître la dureté du Cuivre, ſans faire tort à ſa couleur, ni même, autant qu'on a pû s'y connoître, à ſa ductilité.

Les mêlanges où il entre beaucoup de Platine ne s'étendent que difficilement à froid ſous le marteau; & lorſqu'ils ſont rougis au feu, ils volent par éclat quand on les frappe.

Ils prennent tous un beau poli, & ne ſe terniſſent ni autant, ni ſi promptement que le Cuivre ſeul.

ARTICLE

ARTICLE VI.

De la Platine alliée au Fer.

LE Fer eſt certainement le moins fuſible des Métaux : auſſi eſt-ce en vain qu'on a eſſayé à différentes repriſes de l'unir avec ce Métal dans ſon état malléable ; & d'ailleurs les Flux néceſſaires pour rendre le Fer forgé fuſible corrodoient les creuſets , avant que ce Métal pût être aſſez liquide pour diſſoudre la Platine ; on y a donc ſubſtitué du Fer de gueuſe ou Potin.

I. EXPÉRIENCE.

Trois onces de Platine & autant de Potin expoſés ſans addition à un feu violent , s'unirent en un fluide épais : on y ajoûta une once de Potin , & il devint aſſez coulant.

On laiſſa refroidir le tout dans le

M

creufet , parce qu'il étoit devenu
trop mou pour qu'on pût en reti-
rer le Métal. Après l'avoir caffé ,
on en a retiré une maffe qui n'avoit
point une furface convexe , comme
l'ont d'ordinaire le Fer & les autres Métaux fondus. Elle étoit con-
cave au contraire , & le tout avoit
perdu environ $\frac{1}{60}$ du poids desSubf-
tances employées.

Il s'eft trouvé fi dur que la lime
ne pouvoit y mordre , & fi tenace
qu'on n'a pú le caffer à coups redou-
blés des plus gros marteaux d'enclume , defquels cependant il a
reçu quelque legere impreffion.

On l'a fait rougir , & il s'eft aifément caffé : il paroiffoit à l'intérieur
d'un tiffu uniforme,& compofé, non
de lames luifantes , ainfi que le Fer
l'étoit d'abord , mais de grains d'une
couleur très-obfcure.

II. Expérience.

Une once de Platine ayant été

projeétée fur quatre de Potin à l'inftant qu'il commencoit à couler, &
le feu maintenu au même degré, le
tout a bien-tôt entré en fufion, &
s'étant refroidi, il a formé un compofé intimement combiné qui, ainfi
que le précédent, étoit extrème-
ment dur, quoiqu'il parût s'étendre
tant-foit-peu fous le gros marteau
fans fe caffer. Sa couleur étoit encore
très-foncée, mais moins que lorfque
la proportion de Platine étoit plus
grande.

III. EXPE'RIENCE.

Une partie de Platine & douze de
Potin fe fondirent fans peine avec
peu ou point de déchet ; mais ce
compofé étoit toujours bien plus dur
que le fer ordinaire, & avoit un degré
de tenacité confidérable. Il n'a pu,
ainfi que les autres, être caffé à froid
qu'avec une difficulté extrème ; mais
lorfqu'on l'a rougi, il eft devenu
plus fragile.

M ij

IV. Expérience.

Tous ces composés, & particulierement ceux où la Platine se trouvoit en proportion considérable, ont reçu un très-beau poli, & ne se sont ni rougis ni ternis, après avoir été exposés dans une chambre à l'air pendant plusieurs mois.

V. Expérience.

Un composé d'une partie de Platine sur quatre de Fer, fut traité avec des substances qui produisent sur le Fer une altération notable.

Stratifié avec le mêlange de M. de Réaumur, pour convertir le Fer en Acier (mêlange composé de poudre de Charbon, de Suie, de Cendres de bois neuf, & de Sel marin), & cémenté pendant douze heures dans un creuset exactement lutté, il augmenta de $\frac{1}{39}$ de son poids, céda plus facilement que ci-devant à la lime, ne parut avoir reçu aucun accroisfement de dureté après avoir été rougi, puis éteint dans l'eau, & ne montra aucune propriété de l'Acier.

VI. Expérience.

Un morceau du même Lingot traité de la même maniere avec la poudre qui adoucit le Potin (celle de cendres d'os calcinés, mêlée à une petite quantité de Charbon pilé), s'eft trouvé accru de $\frac{1}{43}$ de fon poids ; il réfiftoit à la lime moins qu'auparavant, mais étoit évidemment plus dur que l'autre portion traitée avec la poudre de M. de Réaumur. (*Voyez* la Table n° 5).

Remarques Générales.

La Platine fe fond à poids égal avec tous les Métaux, avec les uns cependant plus facilement qu'avec les autres : avec quelques-uns elle devient fluide à un feu modéré, pourvu qu'elle n'y foit pas en trop

grande proportion ; mais un feu violent est toujours nécessaire pour sa
parfaite fusion.

Des composés d'Argent, de Cuivre, de Plomb, dans lesquels il entroit environ un quart de Platine,
étant devenus assez liquides pour couler librement dans la Lingotiere, &
paroissans à l'œil parfaitement combinés, furent digérés dans l'Eau-forte
jusqu'à ce que ce menstrue eût cessé d'agir, & y laisserent plusieurs
grains de Platine qui conservoient
leur figure primitive. En observant
ces grains avec le microscope, les
uns ne paroissoient avoir subi aucune altération , tandis que d'autres
avoient à leur surface une infinité
de petites élévations ou protubé-
rances globulaires, comme si elles
commençoient à fondre.

La Platine durcit & roidit tous les
Métaux, les uns cependant plus que
les autres ; le Plomb plus que tous:
mêlée en quantité médiocre elle di-

minue la ductilité de tous les Métaux malléables ; mêlée en grande
quantité elle la détruit, cependant
elle communique cette qualité au
Potin jusqu'à un certain dégré : l'E-
tain eſt le Métal dans lequel elle la
diminue le moins ; l'Or & l'Argent,
ceux dans leſquels elle la diminue le
plus ſans leur faire perdre la malléabilité.

Une petite quantité de Platine
altere à peine la couleur du Cuivre
& de l'Or : une plus conſidérable les
pâlit l'une & l'autre ; une bien moindre quantité a cet effet ſur le Cuivre que ſur l'Or. Elle altere & obſ-
curcit en raiſon de ſa quantité la couleur des Métaux blancs ; l'Argent
eſt celui qu'elle change le moins ;
le Plomb eſt celui qu'elle change le
plus.

Elle empêche beaucoup le Fer &
le Cuivre de ſe ternir à l'air, altere
à peine l'Or & l'Argent à cet égard,
fait que l'Etain ſe ternit plus vite,
& le Plomb très-promptement.

IV. MEMOIRE.

La Platine combinée avec les demi-Métaux & les Alliages.

PREMIERE PARTIE.

La Platine alliée aux demi-Métaux.

ARTICLE I.

De la Platine unie au Mercure.

I. EXPÉRIENCE.

UNe once de Platine & six de Mercure revivifié du Cinabre, furent triturées ensemble dans un mortier de fer avec un peu d'eau, de Sel commun, & quelques gouttes d'esprit de Sel : au bout de quelques heures de trituration, les grains de Platine se trouverent couverts de Mercure, de façon qu'ils cohéroient ensemble comme un amalgame imparfait.

Une partie du Mercure fluide étant décantée de dessus, & ensuite mise mife à évaporer dans une cuilliere de Fer, a laiffé une quantité confidérable d'une poudre obfcure, entremêlée de molécules brillans; une égale portion de ce Mercure décanté & paffé par le chamois, fournit à l'évaporation une moindre quantité de cette poudre.

La Platine qui avoit été fuffifamment atténuée par le Mercure pour paffer avec lui par les pores de la peau, fe trouva tout auffi réfractaire au feu, qu'auparavant: expofée à une chaleur violente, d'abord feule & enfuite jointe au Borax, au verre blanc, &c. elle ne fe fondît point, ne donna pas la moindre marque d'altération, & ne communiqua aucune couleur à l'un ni à l'autre de ces Flux.

II. Expérience.

Une partie de Platine & environ quatre de Plomb furent fondues enfemble; & après que la grande cha-

leur fût un peu diminuée, on les ver-
fa doucement dans environ trois fois
la même quantité de Mercure échauffé au point de fumer : une poudre
noirâtre parut auſſi-tôt à la ſurface,
& elle reſſembloit principalement à
de la Platine. En triturant enſemble
ce mêlange, il s'en ſépara une nouvelle quantité de poudre qui fut en-
levée de temps - en-temps par le
moyen de l'eau. Elle avoit l'apparence de la premiere ; mais ayant été
miſe à l'épreuve, elle ſe trouva parti-
ciper beaucoup davantage du Mercure & du Plomb, que de la Platine.

L'amalgame qui étoit d'une couleur fort ſombre, étant expoſé au feu
ſe gonfla & ſautoit de côté & d'autre, quoique le dégré de chaleur fût
à peine ſuffiſant pour évaporer le
Vif- argent. Après avoir été continuellement & rapidement agité pendant une ſemaine dans un moulin de
Fer, avec de l'eau qu'on renouvel-

loit de temps-en-temps, l'amalgame parut brillant & uniforme ; il laiſſa le Mercure s'en évaporer librement, & la chaux obſcure qui demeura ayant été examinée, ſe trouva être de la Platine avec une très-petite portion de Plomb.

REMARQUE.

On croit communément que le Mercure a plus d'affinité avec le Plomb qu'avec tout autre corps métallique, l'Or & l'Argent exceptés; cependant il a paru dans l'Expérience précédente avoir plus de rapport avec la Platine, puiſqu'il en a retenu la plus grande partie, après que le Plomb, quoiqu'en bien plus grande quantité, en a été preſque entierement ſéparé.

La Platine que le Mercure a rejettée au commencement, n'a paru différer en rien de celle qu'il a retenue juſqu'à la fin, & ni l'une ni l'autre de la Platine telle qu'on l'avoit employée d'abord.   N ij

III. Expérience.

Un alliage d'une partie de notre Métal & de deux parties d'Or, qui se trouvoit fort blanc & caſſant, fut recuit à pluſieurs repriſes, puis étendu en lames minces à petits coups de marteau, & jetté rouge dans le Mercure bouillant; il s'en ſépara une poudre par la trituration avec l'eau, & l'ablution : cette poudre fut d'abord abondante, & le devint moins par degrés. Ce procédé ayant été continué pendant 24 heures, il ne s'en ſépara plus rien, excepté une très-petite quantité de matiere noirâtre, en laquelle une legere portion de Mercure ſe convertit toujours en pareille opération.

L'amalgame qui paroiſſoit fort brillant, laiſſa après l'opération une maſſe ſpongieuſe d'une couleur exaltée. Cette maſſe étant fondue & miſe en Lingot, s'eſt trouvée extrêmement douce, très-malléable, & reſfemblante à tous égards à l'Or fin dont on s'étoit fervi dans cette épreuve, fans qu'elle parût contenir le moindre mêlange de Platine.

REMARQUE.

Il eft à fouhaiter que cette maniere de purifier l'Or de la Platine fe trouve affez exacte, pour qu'on puiffe déterminer avec une entiere précifion la quantité refpective de chacun de ces Métaux dans le mixte. Les Expériences faites jufqu'à ce jour n'ont point encore fuffifamment déterminé ce point: avant de prononcer définitivement, il faut qu'elles foient plus répétées.

ARTICLE II.

De la Platine unie au Bifmuth.

EXPÉRIENCE.

PARTIES égales de Platine & de Bifmuth projectées fur un mêlange de Flux noir & de Sel marin mis préalablement en fusion, & traitées à un feu vif violemment accéleré par le vent des soufflets, se sont fondues parfaitement en quelques minutes, & n'ont souffert que peu de déchet: sans ces précautions le Bismuth ne pourroit gueres absorber que le tiers de son poids de notre Métal, dont une bonne partie a gagné le fond du creuset quand la chaleur a diminué.

Plusieurs mêlanges de Platine avec diverses proportions de Bismuth se sont tous trouvés, ainsi que le Bismuth même, extrêmement fragiles; & soit qu'on y ait employé beaucoup ou peu de Platine, on n'y a point vû de différence remarquable. Ces mêlanges n'étoient gueres plus durs à la lime que le simple Bismuth: ils ont présenté à leurs fractures des surfaces irrégulieres, striées & entremêlées de quelques lames; lorsque la fracture étoit nouvelle, ces surfaces ont paru polies & brillantes, excepté dans les mêlanges qui contenoient beaucoup de Platine. Les fractures de ces dernieres étoient d'un gris sombre & sans éclat ; tous se sont ternis lentement à l'air , & y ont pris une couleur jaunâtre, violette ou bleuâtre ; plusieurs même y ont acquis un beau bleu foncé , qui depuis un an n'a point souffert d'altération ; d'autres portions sont encore blanches, d'autres violettes comme au commencement.

ARTICLE III.

De la Platine unie au Zinc.

EXPÉRIENCE.

SUR une once de Platine couverte de Borax , & amenée au degré de rouge pâmant dans un fourneau à vent , on a projecté une once de Zinc. Il en est résulté aussitôt une violente déflagration , & la Platine a été dissoute presqu'à l'inſtant. Cependant la matiere, quoique verſée ſur-le-champ dans une Lingotiere, s'eſt trouvée avoir perdu preſqu'une demi - once de ſon poids.

En répétant pluſieurs fois cette Expérience avec différentes proportions des deux Métaux, ſoit à feu vif, ſoit à feu gradué, le Zinc a conſtamment agi ſur la Platine comme un puiſſant diſſolvant, mais auſſi a toûjours ſouffert un très-grand déchet par le dégré de chaleur néceſſaire pour rendre le mêlange ſuffiſamment fluide ; & lorſque les trois quarts du Zinc ont été diſſipés, le compoſé s'eſt encore trouvé aſſez fluide pour couler librement dans la Lingotiere.

Les compoſés de Platine & de Zinc ne different gueres à l'œil du Zinc même. On a ſeulement remarqué que lorſque la proportion de Platine étoit conſidérable, ils étoient d'un tiſſu plus ſerré, d'une nuance

moins claire , & un peu plus bleuâtre que ce demi-Métal. Expofés pendant plufieurs mois à l'air dans une
chambre , ils ne fe font point ternis ,
& n'ont point changé de couleur.

Ils étoient plus durs à la lime que
le Zinc feul , & ont volé en éclats
fous le marteau , fans prêter aucune-
ment : cependant le Zinc s'étend affez confidérablement de lui-même.

ARTICLE IV.

De la Platine unie au Régule.

EXPÉRIENCE.

LE moins fufible de tous les demi-Métaux eft fans contredit le
Régule d'Antimoine. Joint à la Platine & à poids égal, il l'a diffoute
par un feu violent , & le compofé
qui en eft réfulté a paru d'une nuance bien plus fombre que le Régule
ordinaire. On l'a brifé , & il a préfenté à la fracture une furface ferrée &
uniforme quoique raboteufe ; il s'eft

trouvé beaucoup plus dur à la lime, mais tout auſſi fragile que le Régule ſeul.

En augmentant la proportion du Régule, ce compoſé s'eſt trouvé plus brillant, d'un tiſſu plus feuilleté, & plus différent de celui du Régule ſimple.

SECONDE PARTIE.
La Platine alliée aux Métaux compoſés ou mixtes.

ARTICLE PREMIER.

De la Platine alliée au Léton ou Cuivre jaune.

I. EXPÉRIENCE.

PARTIES égales de Platine & de Léton couvertes de Borax, & pouſſées avec vivacité dans un fourneau à vent, ſe ſont mêlées parfaitement enſemble, ſans preſque ſouffrir de diminution. Ce mêlange étoit d'un blanc griſâtre, & dur à la lime, comme le Métal des cloches ; il s'est caffé d'un coup de marteau, fans s'étendre ni recevoir la moindre impreffion, & s'eft éclaté fous le cifeau ; il a paru intérieurement d'un grain fin & continu, d'un tiffu ferré, & d'une couleur plus foncée que celle de la furface extérieure : il a reçu un beau poli, & ne s'eft point terni après avoir été expofé pendant plufieurs mois à l'air dans une chambre.

II. Expérience.

Une partie de Platine & deux de Léton fondues fans addition à feu lent, ont perdu environ $\frac{1}{36}$ de leur poids : le Lingot a été de couleur plus fombre que le précédent, & d'un œil pâle & jaunâtre ; il a paru plus doux à la lime, & s'eft éclaté moins facilement au cifeau, mais il s'eft brifé fous le marteau.

III. Expérience.

Une partie de Platine & quatre

de Léton couverte comme ci-devant de Borax, & exposées à un feu vif, se sont fondues sans déchet ; le composé s'est trouvé plus jaune que le précédent, & plus doux à la lime ; il s'est laissé entamer par le ciseau, avant d'éclater ; il a reçu quelqu'impreffion du marteau & s'est un peu étendu, mais bien-tôt fendu en différentes directions.

IV. EXPÉRIENCE.

On a augmenré le Léton jusqu'à six fois le poids de la Platine, & le composé a paru plus jaune, quoique toujours fort pâle : il s'est trouvé plus doux à la lime, a reçu une impreffion confidérable du marteau, & souffert sous le ciseau, avant d'éclater, une incifion plus profonde.

V. EXPÉRIENCE.

Un mêlange d'une partie de Platine & de douze de Léton, parut confidérablement plus pâle & plus dur que le Léton ordinaire ; il éclata fous le cifeau , & fe fendit fous le marteau avant de s'être beaucoup étendu ; il reçut auffi un bon poli, & ne fe ternit pas auffi facilement que le Cuivre jaune ; cependant il eft à ces deux égards très-inférieur aux compofés dans lefquels il entre une plus grande proportion de Platine.

ARTICLE II.

De la Platine combinée avec un alliage de Cuivre & d'Etain.

I. EXPÉRIENCE.

CENT parties de Platine, trente-quatre de Cuivre & douze d'Etain couvertes de Borax , font devenues fluides à un feu violemment excité , fans fouffrir de déchet confidérable. Le lingot s'eft trouvé extrêmement dur , à peine la lime y pouvoit-elle mordre. Il s'eſt auſſi trouvé très-fragile, & un coup leger l'a briſé. Sa ſurafce étoit raboteuſe, & de la couleur ſombre du Métal des cloches. Il a pris un beau poli, & ne s'eſt point terni à l'air.

II. Expérience.

Une once de Cuivre, une once de Platine & quatre d'Etain ſe ſont fondues & unies parfaitement & ſans déchet ; le compoſé qui en a réſulté ſe limoit bien & facilement : il s'eſt laiſſé tailler par le couteau, mais s'eſt caſſé d'abord ſur l'enclume. La ſurface en étoit irréguliere & la couleur ſombre, quoique blanchâtre. Ce mêlange ayant été poli, reſſembloit au fer bruni ; il a bientôt pris à ſa fracture une couleur jaune, & la partie polie eſt devenue ſombre, mais n'a point perdu ſa couleur.

III. Expérience.

Un mélange de Platine & de Cuivre, de chacun une partie, uni à huit parties d'Etain, s'est trouvé plus tendre que le précédent, & a souffert d'être un peu applati sous le marteau ; on l'a cassé, & il a présenté intérieurement une surface très-irréguliere, & composée d'un grand nombre de lames blanches & luisantes. Il s'est bientôt terni à sa fracture, mais la surface polie a retenu sa couleur & son éclat.

Remarques.

Il faut observer que dans la premiere de ces Expériences la Platine a été pleinement absorbée par un mélange de Cuivre & d'Etain qui n'arrivoit pas à la moitié de son poids, quoiqu'à peine on l'ait pû fondre avec poids égal de l'un ou de l'autre de ces deux Metaux séparément, en l'exposant à un feu également fort, & même supérieur.

La gravité spécifique de ces mêlanges s'est trouvée un peu au-dessous de celle que le calcul indiquoit, quoique lorsque le Cuivre & l'Etain sont fondus ensemble sans Platine, ils forment un corps spécifiquement plus pesant que le Cuivre même.

Les différents produits dans lesquels le Zinc, le Bismuth, le Régule & le Léton sont entrés, ont été mis aussi dans la balance hydrostatique, & trouvés un peu plus legers qu'ils n'auroient dû l'être suivant le calcul.

Comme il semble qu'on a fait sur le Zinc & le Bismuth peu d'Expériences hydrostatiques, il ne sera peut-être pas hors de propos de dire ici qu'on a trouvé la gravité du Zinc pur $= 7050$, & celle du Bismuth $= 9733 :: 1000$. △

TROISIEME

TROISIEME PARTIE.

JUSQU'ICI nous avons confidéré la mifcibilité de la Platine avec les corps métalliques, ainfi que les altérations que différentes proportions de cette Subftance y produifent, en prenant les précautions néceffaires pour prévenir la fcorification & la diffipation que la plûpart des Méraux fouffrent dans le feu, & que la plûpart d'entr'eux caufent à d'autres, qui feuls & par eux-mêmes ne fe détruiroient que difficilement, ou point-du-tout. Nous examinerons préfentement la Platine relativement à cet objet, & traitée avec les Subftances métalliques qui font les plus voraces.

O

De la Coupellation de la Platine.

ARTICLE PREMIER.

De la Platine coupellée avec le Plomb.

I. EXPÉRIENCE.

UN mêlange de Platine & de Plomb fut coupellé sous un mouffle dans le fourneau d'essai. Pendant quelque tems l'opération alla son train : le Plomb se convertissoit successivement en scories, qui rejettées sur les bords, s'absorboient ensuite dans la Coupelle, ou se dissipoient en vapeurs.

A mesure que le Plomb se consommoit, la matiere exigeoit un degré de feu plus fort pour conserver sa fluidité ; mais enfin se réunissant en une masse plate & sombre, elle ne put plus être mise en fusion au plus haut degré de chaleur que ce fourneau soit capable de donner.

La maſſe ſe caſſa très-facilement, parut d'un gris ſombre , tant en-dehors qu'à l'endroit de la fracture , & d'un tiſſu poreux ; elle peſoit environ $\frac{1}{5}$ de plus que la Platine employée d'abord.

II. EXPÉRIENCE.

Cette Expérience fut répétée & variée pluſieurs fois. On tâcha d'abſorber le Plomb ſur la Chaux animale ou d'os calcinés & pulvériſés, puis comprimés dans le fond des creuſets ; on le ſcorifia dans des creuſets d'eſſai , par le feu le plus violent du fourneau à vent , & dans des teſts devant la tuyere du ſoufflet, mais toûjours avec le même réſultat. La Platine ne réſiſtoit pas ſeulement à l'action du Plomb , qui dans ces procédés détruit tous les corps métalliques connus , excepté l'Or & l'Argent ; elle retenoit une portion du Plomb même , & en empêchoit la ſcorification.

III. Expérience.

Nous avons remarqué dans un des Mémoires précédens, à l'endroit où il est traité de la fusion de la Platine avec le Plomb, que ce Métal dépose dans une moindre chaleur une bonne partie de la Platine qui s'y étoit unie dans une plus forte : comme l'on pouvoit présumer que la portion qui restoit combinée avec le Plomb, pouvoit être différente de celle qui s'en séparoit : l'on a décanté le Plomb liquide qui tenoit la Platine en dissolution, & l'on a soumis aux opérations précédentes, & la portion décantée, & le résidu où se trouvoit la Platine précipitée ; mais l'une & l'autre ont toûjours présenté les mêmes phénomenes, & n'ont point varié dans le résultat. La matiere a toûjours pris une forte consistance, dès que le Plomb a été dissipé à un certain point, & elle a constamment refusé de se scorifier davantage.

IV. Expérience.

Un mélange de Platine & de Plomb, après avoir été coupellé au Fourneau docimaſtique auſſi long-tems qu'on put le tenir liquide, fut mis enſuite dans un creuſet, & expoſé à toute l'ardeur du feu le plus violent; & quoiqu'on y ait ajouté de la Poudre de charbon, du Flux noir, du Borax, du Nitre & du Sel commun, la matiere ne s'eſt point fondue & n'a point ſouffert de changement conſidérable; elle eſt ſeulement devenue plus poreuſe, ſans doute parce qu'une partie du Plomb aura ſuinté, & ſe fera évaporée ſans que la maſſe ſe ſoit liquéfiée en aucune façon. Le contact immédiat des charbons embraſés & agités par le vent des ſoufflets, a cependant fait couler quelques-unes de ces maſſes qui n'avoient pu être miſes en fuſion dans des creuſets & autres vaiſſeaux, à quelque de-

gré de feu que ce fût : mais elles
n'ont pu encore de cette maniere
être délivrées que d'une très-petite
quantité de plomb.

V. Expérience.

En pesant dans la balance hydrostatique les matieres coupellées, on
a trouvé que celles qui paroissoient
les plus spongieuses avoient presque
le même poids que la Platine, & que
les plus compactes avoient trois gravités spécifiques différentes : savoir,
19083, 19136 & 19240.

Remarque.

Nous voyons par ces Expériences
que la Platine, ainsi que l'Or & l'Argent, est indestructible par le Plomb;
que probablement les grains les plus
purs contiennent quelques parties
hétérogenes qui se séparent dans ces
opérations ; & que son poids, s'il
étoit épuré, seroit supérieur à celui
de l'Or même, puisque uni encore

à un Métal plus leger, il se trouve si peu éloigné de la gravité spécifique de ce Roi des Métaux. Il n'y a pas lieu de soupçonner que l'augmentation de gravité spécifique provienne ici du mêlange, puisque dans tous les composés examinés pendant le cours de ces Mémoires, on a trouvé constamment une diminution de gravité, soit que la proportion de Platine ait été grande ou petite, soit qu'on ait tenu le mêlange en fusion pendant plusieurs heures, soit qu'on l'ait versé dans la lingotiere aussitôt après la fusion.

VI. Expérience.

Un alliage d'une partie de Platine avec trois parties d'Or a été coupellé sous un moufle avec une suffisante quantité de Plomb, & la matiere s'est bien scorifiée pendant un temps considérable ; mais enfin elle s'est réduite en une masse hemisphérique & brillante, qui s'étant ensuite affaissée, est devenue sombre & rude. On a pesé ce bouton, & trouvé qu'il contenoit une portion considérable de Plomb.

Cette Expérience répétée avec un mélange d'une portion de Platine & de six d'Or, la masse retint encore quelque partie de Plomb; mais le bouton parut plus convexe, plus brillant que le précédent, & d'une belle couleur dorée à sa surface : il se cassa facilement sous le marteau, montra un intérieur grisâtre ; & la surface extérieure dorée tint unis ensemble plusieurs de ses morceaux.

VII. Expérience.

Des alliages de Platine & d'Argent traités à la coupelle, ont retenu de même une quantité de Plomb considérable, & en se condensant ont formé, non un bouton hémisphérique, mais une masse plate très-rude & très-fragile, & d'un gris

sombre

fombre tant à l'intérieur qu'à l'extérieur.

ARTICLE II.

De la Platine coupellée avec le Bifmuth.

EXPÉRIENCE.

DES mêlanges de Platine &
de Bifmuth, fubftance mé-
tallique plus active à quelques
égards que le Plomb même, furent
coupellés fous la mouffle, fcorifiés
dans des creufets d'effai, & expofés
fur le teft devant la tuyere des foufflets; dans toutes ces épreuves, qui
ont été réitérées nombre de fois, la
réuffite a été la même que lorfqu'on
a employé le Plomb. Les mêlanges
qui étoient très-liquides au commencement, font devenus moins
fluides à mefure que le Bifmuth s'eft
fcorifié, & enfin ont entierement
perdu leur fluidité, quoiqu'il ait
paru par leur poids qu'ils tenoient

P

une grande quantité de Bismuth.

Ce demi-Métal, ainsi que le Plomb, n'a pu être entierement séparé par la coupelle, des alliages où la Platine se trouvoit jointe à l'Or ou à l'Argent.

La Platine coupellée avec le Bismuth, differe peu en apparence de celle qui est coupellée avec le Plomb; le bouton est seulement plus spongieux, & spécifiquement plus leger.

ARTICLE III.

La Platine passée par l'Antimoine.

EXPÉRIENCE.

UN mêlange de Platine & de Régule d'Antimoine furent fondus par un feu fort dans un creuset évasé, & l'on dirigea obliquement sur sa surface la tuyere du soufflet. La matiere continua à fluer & donner de copieuses fumées pendant

quelques heures ; enfuite elle fe fi-
gea, & donna à peine des vapeurs,
quoique les foufflets continuaffent à
agir avec véhémence. La maffe re-
froidie fe caffa facilement, parut fort
poreufe, pleine de foufflures, &
d'un gris fombre : on lui trouva un
poids beaucoup plus confidérable
que celui de la Platine employée.

La Platine a auffi été traitée avec
l'Antimoine crud ; le Régule qui
eft provenu de ce mêlange traité
comme le précédent, a préfenté le
même réfultat. La Platine n'a pas
feulement réfifté à tout l'effort de ce
demi-Métal, elle en a encore défendu une portion de l'action du Feu
& de l'Air, & a refufé de fe fondre
après qu'une certaine quantité a été
diffipée.

ARTICLE IV.

Déflagration du Zinc avec la Platine.

EXPÉRIENCE.

UN mélange de Zinc & de Platine exposé à un feu fort, s'embrasa, & parut être dans une agitation violente, mais qui dura peu. La matiere devenant bientôt solide, ne put être tenue plus long-tems en fusion ; & le Zinc, dont une quantité considérable restoit encore unie, n'a pû s'enflammer ni se consommer. La masse étoit très-fragile, spongieuse & de couleur sombre ; sa gravité spécifique étoit peu considérable.

REMARQUES GÉNÉRALES.

Ce Minéral singulier, sur lequel les Flux les plus puissans secondés de la plus grande violence du Feu, n'ont point d'effet, se fond parfaitement avec tous les corps métalliques connus, à moins que l'Arsénic, ſubſtance qui ne ſçauroit ſouffrir un degré de chaleur ſuffiſant pour ſa propre liquéfaction , ne forme ici une exception (*a*).

Tous les Métaux joints à la Platine à poids égal , l'abſorbent ; & quelques Compoſés métalliques en abſorbent même le double de leur poids.

La Platine paroît en général n'avoir pas plus d'affinité avec un Métal qu'avec l'autre, quoique le Plomb précipite certains corps unis au Fer, & que celui-ci a le même effet ſur d'autres corps unis au Plomb: quoique de plus ces deux Métaux ne s'allient point enſemble , ils paroiſſent également indifférens à la Platine , qui combinée avec l'un , n'en eſt pas ſéparée par l'autre.

Quelques Subſtances cependant ont avec la Platine un rapport

(*a*) L'on a vû dans les Expériences de M. Scheffer, page 43 , que c'étoit au contraire la ſubſtance avec laquelle il ſe fondoit le mieux.

plus ou moins grand que celui qu'ils ont avec d'autres corps métalliques ; ainsi en certaines circonstances elle précipite l'Or de l'Eau régale , & en est précipitée elle-même par d'autres Métaux solubles dans ce menstrue ; elle sépare le Plomb d'avec le Mercure , & en est à son tour séparée par l'Or.

Les changemens causés dans les Métaux parfaits par la Platine, ont été examinés dans les Mémoires précédens. Ses effets sur les semi-Métaux sont moins remarquables, & les principaux sont qu'elle augmente la dureté du Zinc, ainsi que du Régule d'Antimoine , mais non celle du Bismuth ; & qu'elle dispose ce dernier à se ternir à l'Air , mais non pas les deux autres.

Ses effets sur les Métaux composés , sont semblables à ceux qu'elle produit sur les Métaux simples. Elle rend le Léton, blanc, dur, fragile, susceptible d'un beau poli , & non sujet à se ternir à l'air ; elle produit aussi cet effet jusqu'à un certain point sur le Cuivre & le Zinc dont ce Métal est composé. Les mêlanges de Platine avec des alliages de Cuivre & d'Etain , sont plus sujets à se ternir que ceux qui résultent de son union avec le Cuivre , & moins que ceux qui proviennent de sa combinaison avec l'Etain.

Toutes les Substances métalliques, excepté l'Or seul , sont corrodés d'avec la Platine par les acides simples , & le Mercure est l'unique qui en soit séparable par le feu. La Platine subsistante après la séparation des Métaux , est aussi réfractaire qu'auparavant.

La Platine résiste complétement à la puissance destructive du Plomb & du Bismuth , ainsi qu'à la *voracité* de l'Antimoine , ce Métal qui a été jusqu'à présent regardé comme la plus rigoureuse épreuve de l'Or, & a même reçu de cette propriété le furnom de *Balneum folius Solis*, le Bain que l'Or feul peut fouffrir, & dans lequel il eft lavé de toutes fes impuretés.

Puifque la Platine alliée avec l'Or ne peut donc être découverte par aucun des procédés qu'on employe ordinairement pour affiner & éprouver l'Or, ni même par la balance hydroftatique ; nous efpérons que ces Mémoires, qui peuvent fervir à l'hiftoire de ce Minéral extraordinaire, jufqu'à préfent ignoré, & dans lefquels nous indiquons des moyens de diftinguer les falfifications que l'on pourroit faire avec l'Or & ce Minéral, & qui autrement feroient demeurées cachées & inconnues, feront favorablement reçus par cet illuftre Corps, comme un moyen d'étendre cette efpece de Science qui a toujours éminemment diftingué la Societé Royale, & pour laquelle elle a été particulierement inftituée.

TABLE DES GRAVITÉS SPÉCIFIQUES.

				Par expérience.	*Par calcul.*	*Différence.*
Numero I.						
Alliage de Platine & d'Etain.	Platine			17 000		
	Etain			7 180		
	Platine	1	Etain 1	10 827	12 090	1 263
		1	2	8 972	10 453	1 481
		1	4	7 794	9 144	1 350
		1	8	7 705	8 271	0 566
		1	12	7 613	7 935	0 322
		1	24	7 471	7 573	0 102
N°. II.						
Alliage de Platine & de Plomb.	Platine			17 000		
	Plomb			11 386		
	Platine	1	Plomb 1	14 029	14 193	0 164
		1	2	12 925	13 257	0 332
		1	4	12 404	12 509	0 105
		1	8	11 947	12 009	0 062
			12	11 774	11 818	0 044
			24	11 575	11 610	0 035
N°. III.						
Alliage de Platine & d'Argent.	Platine			17 000		
	Argent			10 980		
	Platine	1	Argent 1	13 535	13 990	0 445
		1	2	12 452	12 987	0 535
		1	3	11 790	12 485	0 695
		1	7	10 867	11 732	0 865
N°. IV.						
Alliage de Platine & de Cuivre.	Platine			17 000		
	Cuivre			8 830		
	Platine	1	Cuivre 1	11 400	12 915	1 515
		1	2	10 410	11 553	1 143
		1	4	9 908	10 464	0 556
		1	5	9 693	10 191	0 498
		1	8	9 300	9 738	0 438
		1	12	9 251	9 458	0 207
		1	25	8 970	9 144	0 174
N°. V.						
Alliage de Platine & de Fer.	Platine			17 000		
	Fer			7 100		
	Platine	3	Fer 4	9 917	11 343	1 426
		3	12	8 700	9 080	0 380
		3	16	8 202	8 663	0 461
		3	36	7 800	7 862	0 261

QUOIQUE les Mémoires de M. Lewis se trouvent insérés dans les Observations périodiques sur la Physique, l'Histoire naturelle & les Beaux-Arts, pour les mois de Février, Mars, Avril & Mai 1757, nous n'avons pu nous dispenser de les traduire en entier, parce qu'en fait d'Expériences, la précision, la clarté & l'exactitude en sont la base & l'essence. Personne ne doute de la capacité & du mérite du sçavant Auteur de ces feuilles ; mais comme une seule personne ne sçauroit suffire à tous les différens objets que cet Ouvrage embrasse, & que son Editeur est en possession d'assez d'autres genres de mérite, pour avoir pu négliger la Chymie, il aura apparemment été trompé dans le choix qu'il aura fait pour la rédaction de cette partie ; mais

178   *La Platine, l'Or blanc,*
nous serons toujours forcés de convenir
que si la diction & le style pouvoient
couvrir des erreurs essentielles, ce morceau seroit parfait.

Nous y avons de plus ajoûté des
Tables, & restitué plusieurs articles
obmis dans cette Traduction.

EXTRAIT

D'une Lettre écrite de Venise le 15 Septembre 1756, au sujet de la Platine, & des Expériences de M. Lewis.

J'AI vû le Volume des Transactions Philosophiques dont vous faites mention, & j'ai lu attentivement le Traité sur la Platine qui y trouve.

Les Expériences rapportées dans ces Mémoires me font penser que la Platine n'est autre chose à mon avis que le corps solaire même, un peu déguisé, sec, & privé d'humeur visqueuse, ainsi que je l'expliquerai ci-après avec plus d'étendue.

L'Or est un fossile qui surpasse de beaucoup tous les autres corps en pesanteur ; il devient fluide dans le feu, résiste à la Coupelle, au Ciment, au Soufre, à l'Antimoine, & au Miroir ardent; invitrifiable & indeſtructible; inſoluble (ſelon l'opinion vulgaire) par tout autre menſtrue que l'Eau régale & le foie de Soufre.

Dans cette définition il faut diſtinguer quelles ſont les propriétés ſpécifiques, & quelles ſont les accidentelles. J'appelle qualités accidentelles celles qui peuvenr ſe diminuer ou s'accroître, ôter ou donner, extraire ou introduire, & qu'il poſſede en commun avec les autres Métaux : telles ſont, par exemple, la couleur, la fuſibilité & la ductilité. L'homogénéïté & la fixité des parties, eſt ce qui conſtitue un corps métallique parfait, & le rend inaltérable au feu, réſiſtant à la Coupelle, ainſi qu'au Soufre, invitrifiable & indeſtructible.

Ce qui caractériſe particulierement l'Or, eſt premierement ſon poids, dont nulle autre ſubſtance n'approche ; & c'eſt un axiome reçu en Chymie, que tout corps qui excede le Mercure en peſanteur, contient intrinſéquement quelque portion d'Or.

2°. Sa fixité à l'épreuve du Ciment royal, qui conſumant tous les autres Métaux, ne ſert qu'à le rendre plus pur.

3°. Sa conſiſtance dans le bain d'Antimoine qui détruit tous les autres corps métalliques, & volatiliſe même l'Argent.

4°. Qu'il ne ſe trouve point d'autres menſtrues qui agiſſent ſur lui, que l'Eau régale & le foie de Soufre.

D'où il réſulte que ſi la Platine poſſede toutes les propriétés qui différencient les corps parfaits d'avec les imparfaits, elle doit être miſe au nombre des parfaits.

Si elle partage avec l'Or toutes les prérogatives particulieres qui le caractériſent & le diſtinguent, non-ſeulement des corps imparfaits, mais même de l'Argent, il faudra convenir que la Platine eſt une eſpece du même genre.

Que les points de controverſe entre ce Métal & le nôtre étant purement accidentels, on pourroit y trouver du remede.

La différence conſiſte donc dans les degrés de fuſibilité, de ductilité & de couleur. Or cette diverſité peut s'attribuer à un des deux motifs ſuivans : ſavoir, de ſuperfluité ou de défectuoſité de quelque corps hétérogene profondément uni, de manque de Soufre teignant & glutineux.

Dans le premier cas, la matiere hétérogene s'y trouvant radicalement unie par aggrégation intime, ce ſeroit un corps ou métal imparfait ; & dans le ſecond, ce ſeroit un corps ou métal incomplet.

Ceux qui auront fatigué dans les laborieuſes & ſophiſtiques purifications des Métaux imparfaits, me di-

ront s'il eſt plus facile d'arracher l'ê-
tre étranger des alvéoles les plus
cachés & les plus reculés, ou d'y
introduire un ſujet pour lequel il y
a une appétence naturelle, & à la
configuration duquel le diametre de
ſes pores eſt proportionné, & qu'il
attire & imbibe comme la terre ſe-
che fait la pluie.

Dans l'un l'on agit contre la nature, & on la violente ; dans l'autre
au contraire on la ſeconde, & on
continue la route qu'elle nous a elle-même tracée ; & c'eſt ici qu'il faut
appliquer l'axiome philoſophique,
ubi natura deſinit, ibi incipit ars : c'eſt-
à-dire du point où, ſoit par défaut
de matériaux convenables, ou ſoit
à cauſe de quelque empêchement
extérieur, elle a laiſſé l'ouvrage incomplet.

De n'avoir pas ſçu diſtinguer entre l'imparfait & l'incomplet, eſt
née cette erreur vulgaire parmi des
Souffleurs, que le Fer, le Cuivre, le

Plomb & l'Etain font des Métaux indigeftes, & que l'on doit attribuer au feul défaut de coction qu'ils ne font pas Or ou Argent, puifque la Nature tendant toujours à la perfection, les auroit rendus tels à la fuite des tems, & ils en alleguent la tranfmutarion pour preuve : mais, pauvres gens, ne favent-ils pas que dans les Mines de ces Métaux, ouvertes depuis tant de fiecles, il ne fe trouve rien qui favorife leur hypothèfe ; que toujours les mêmes matrices impures produifent des métaux imparfaits ? Ils ne voyent pas que leur défaut ne vient point par le manque de molécules propres à conftituer un corps parfait, mais de ce que dès l'introduction des premieres vapeurs dans le filon, ces parties ont été adultérées par des guhrs impurs qui s'y font trouvés, ou des exhalaifons viciées qui s'y font mêlées & élevées conjointement, qui les ont en quelque façon

abforbées,

abforbées, & fi parfaitement enveloppées, qu'elles ne peuvent plus fe
dégager de la combinaifon intime
dans laquelle elles les retiennent ;
& cela à caufe que les inftrumens de
l'art ne font point affez fubtils pour
pénétrer une telle union & la rompre ; & dans les tranfmutations mêmes, fi tant eft qu'elles exiftent, les
parties hétérogenes ne fe tranfmuent
point ; mais arrachées de leur affo-
ciation avec la partie pure & mercu-
rielle par l'extrême fubtilité & éner-
gie de l'agent qui pénetre dans des
fentiers imperméables à tout autre
être, & qui les divife dans le point
de contact même, elles perdent par
ce divorce le poids qu'elles devoient
à cette union & furnagent en forme de fcories, pendant que la partie pure tombe au fond en Métal
parfait, & manifefte ainfi fa premiere origine. La tranfmutation pré-
fentée fous cette face, n'a rien qui
répugne ; ainfi dans le premier cas,

Q

purgeant la Platine du corps étranger, ou dans le second y introduifant la teinture, elle ne différeroit plus de l'Or, puifque dans fes parties conftituantes elle y eft parfaitement conforme.

Des effets que produit l'union purement extrinfeque & fuperficielle de divers corps mêlés avec l'Or, ainfi que l'on l'éprouve tous les jours, on pourroit conclure que les différences notées entre ce nouveau Métal & l'Or, devroient fe référer à la préfence d'un corps étranger intimement mêlé & confondu.

Un grain de Soufre commun eft capable d'ôter la ductilité à plufieurs centaines de grains d'Or.

Par la fimple fumée du charbon il devient aigre ; une vapeur imperceptible qui s'exhale de l'Etain, le rend caffant comme du Verre. Je ne dis rien de l'Arfenic, qui, outre la ductilité qu'il lui enleve, le dépouille de fa couleur originelle, ainfi qu'on peut le reconnoître *à la couleur* grife de la fracture.

Et il me fouvient d'avoir vû dans les Mémoires de l'Académie Royale des Sciences de Paris, un travail affez long & affez intrigué, pour recouvrer & révivifier un Or mafqué & déguifé par les opérations dans lefquelles il avoit été employé.

Par le mêlange de l'Arfenic avec l'Etain on pourra obtenir un Compofé qui ne fe fond point au feu (*a*) ; or dans les entrailles de la terre, où tout genre de vapeurs abonde, fi les premieres exhalaifons métalliques fe trouvoient enveloppées, à l'inftant même de leur formation, dans des matieres analogues à celles que nous venons de citer, il en réfulteroit un corps refractaire & de couleur blanchâtre, puifque, ainfi que le remarque le grand Newton dans fon Optique, les Métaux blancs refléchiffent

(*a*) Il feroit à fouhaiter que l'Auteur fe fût expliqué plus clairement fur ce mêlange.

le blanc du premier ordre , & ont leurs molécules plus petites , d'une fuperficie plus étendue en raifon des maffes, que les autres Métaux colorés. En effet, l'on voit qu'une petite portion de Mercure , d'Argent, d'Etain ou de Régule d'Antimoine, communique la couleur blanche à une quantité confidérable d'Or ou de Cuivre. Deux raifons donneroient lieu de foupçonner ce corps étranger. La premiere , que la Platine n'eft pas entierement du poids de l'Or , puifque fon rapport à l'Eau n'eft que comme $18\frac{1}{4}$ à 1 ; ce qui indique la préfence d'une matiere plus legere , & qui par conféquent ne fçauroit être de même nature. La feconde , lorfque l'on verfe une liqueur alkaline fur fa diffolution dans l'Eau régale , la Platine ne fe précipite pas en fa totalité. Il paroît donc qu'il devroit y avoir quelque différence entre ce qui fe précipite & ce qui refte fufpendu dans la liqueur. On pourroit ajoûter en dernier lieu ces points noirs que le Microfcope fait découvrir fur les grains de Platine.

Il ne fuffit pas d'alléguer que s'il s'y étoit trouvé quelque particule hétérogene, elle n'auroit pû réfifter à tous ces différens examens, puifque l'on fçait que l'Or empêcheroit l'Argent qui lui feroit uni en petite quantité, d'être attaqué par l'Eau-forte fon diffolvant naturel. L'Argent de coupelle le plus pur renferme toujours quelque portion de Cuivre que le Plomb ni le Bifmuth ne peuvent lui enlever, parce qu'il eft trop couvert & défendu par l'Argent ; & fans qu'il foit befoin de fortir de notre fujet, nous voyons que la Platine elle-même empêche la fcorification ou vitrification d'une partie du Bifmuth & du Plomb qui lui eft uni, ainfi que la déflagration d'une portion du Zinc avec lequel elle fe trouve alliée.

Je n'ignore pas que l'on peut me répondre que fi la différence de ce Métal avec l'Or naiffoit de quelque corps étranger, il n'y a pas d'apparence qu'une proportion auffi confidérable que celle que la différence du poids femble nous indiquer, pût s'y maintenir en entier après tant d'épreuves ; elle fe manifefteroit au-moins en partie, foit dans fa fcorification avec le Plomb, foit dans fa déflagration avec le Soufre, foit dans fa volatifation avec le Régule ; elle feroit abforbée par le Verre & les Flux, ou corrodée par les Menftrues falins. L'Or rendu aigre & caffant dans les exemples allégués, me dira-t-on encore, ne laiffoit pas de fe fondre, ou feul, ou avec l'addition des Flux. L'exemple de l'Argent qui, malgré la coupelle, retient quelque peu de Cuivre, ne prouveroit rien, tant parce que la quantité eft trop peu confidérable pour altérer fa pureté, que parce qu'il ne manque pas de moyens de la délivrer de cette particule étrangere, soit en le rendant corné, & le réduisant de nouveau en corps ; soit par d'autres voies qui lui conferent également le dernier degré de pureté. On pourroit aussi m'objecter que la difficulté que l'Académicien François a rencontrée, venoit de ce qu'il s'étoit aggrégé à son Or des impuretés de plusieurs especes dans les emplois qu'il en avoit faits, d'où il avoit été nécessaire d'en venir à des purifications répetées & de divers genres ; & que le manque de poids, le défaut de ductilité & de fusibilité proviendroit avec plus d'apparence de la privation du principe visqueux, cause premiere de ces effets dans les Métaux.

Voyons présentement si l'on peut mieux justifier l'absence ou défaut de Soufre colorant & glutineux, lien & ame des corps métalliques.

1°. Notre Chymiste remarque que

la solution de ce Métal ne tache pas les parties animales. Vous sçavez de reste que la pourpre que produit l'Or en pareil cas, ne vient que de la Teinture ou Soufre interne ; & ainsi que dit le Philosophe, *nullum potest dare quod non habet :* ainsi un corps qui est privé de teinture, ne sçauroit teindre (a).

2°. La même chose arrive lorsque l'on mêle cette dissolution avec celle de l'Etain ; elle ne donne point non plus de couleur de pourpre, comme feroit immanquablement l'Or en l'un & l'autre cas, quoiqu'adultéré par quelque mêlange.

3°. Il rapporte que l'Esprit-de-vin versé sur cette dissolution, n'attire ni n'extrait le Métal à la super-

(a) Il faudroit, pour que cette supposition eût lieu, que l'Or restât décoloré & séparé après avoir communiqué la couleur purpurine ; mais ici il teint de tout son corps : j'aimerois autant dire que les Doreurs communiquent la couleur jaune à l'Argent & au Cuivre par un Soufre interne.

ficie,

ficie, quoiqu'il ait cet effet fur l'Or.

Comme il faut une certaine analogie ou des parties fimilaires & de même nature, qui s'attirent réciproquement, pour qu'un corps puiffe agir fur un autre ; les Efprits ardens, comme l'Alchohol, n'étant autre chofe qu'une huiie fubtile ou liqueur fulphureufe, elle ne fçauroit attirer les corps où il ne réfide pas quelque portion de matiere analogue avec laquelle elle puiffe s'attacher & conglutiner dans le point de contact ; autrement au lieu d'attraction il y auroit une répulfion, comme celle que l'on obferve entre l'Huile & l'Eau : deforte que la Platine étant entierement privée de ce Soufre analogue, ne fçauroit en être attirée n retenue.

4°. Les Fondans les plus actifs n'ont pas le pouvoir de la liquéfier : or les Fondans fervent en deux manieres à accélérer & produire la fufion des Métaux refractaires ; l'une, en abfor-

R

bant les acides qui s'y trouveroient engagés ; l'autre, en refourniffant du phlogiftique à un corps qui en feroit épuifé : mais comme il ne fe trouve point ici d'acides à abforber, & que le phlogiftique fe peut bien introduire, mais non pas être retenu dans des pores dépourvûs d'un *gluten* propre à coller fes ailes, il fe diffipe avant que de pouvoir fe raffembler en quantité fuffifante, & nous en avons l'exemple en d'autres Métaux, qui par une trop longue & trop violente calcination ne font plus propres à la réduction, parce qu'il ne s'y trouve plus alors de phlogiftique, ni de *gluten* ou matiere vifqueufe par laquelle le nouveau phlogiftique ou principe fulphureux puiffe être retenu

R ij

plaisoit lui accorder nos Lettres de Permission pour ce nécessaires. A ces Causes, voulant favorablement traiter l'Exposant, Nous lui avons permis & permettons par ces Présentes, de faire imprimer ledit Ouvrage autant de fois que bon lui semblera ; & de le faire vendre & débiter par tout notre Royaume pendant le tems de trois années consécutives, à compter du jour de la date des Présentes : Faisons défenses à tous Imprimeurs, Libraires, & autres personnes de quelque qualité & condition qu'elles soient, d'en introduire d'impression étrangere dans aucun lieu de notre obéissance. A la charge que ces Présentes seront enregistrées tout au long sur le Registre de la Communauté des Imprimeurs & Libraires de Paris, dans trois mois de la date d'icelles ; que l'impression dudit Ouvrage sera faite dans notre Royaume, & non ailleurs, en bon papier & beaux caracteres, conformément à la feuille imprimée attachée pour modele sous le contre-scel des Présentes ; que l'Impétrant se conformera en tout aux Réglemens de la Librairie, & notamment à celui du 10 Avril 1725 ; qu'avant de l'exposer en vente, le Manuscrit qui aura servi de copie à l'impression dudit Ouvrage, sera remis dans le même état où l'Approbation y aura été donnée, ès mains de notre très-cher & féal Chevalier, Chancelier de France, le Sieur de Lamoignon; & qu'il en sera ensuite remis deux Exemplaires dans notre Bibliotheque publique; un dans celle de notre Château du Louvre, & un dans celle de notredit très-cher & féal Chevalier, Chancelier de France, le Sieur de Lamoignon : le tout à peine de nullité des Présentes, du contenu desquelles vous mandons & enjoignons de faire jouir ledit Exposant ou ses ayant causes, pleinement & paisiblement, sans souffrir qu'il leur soit fait aucun trouble ou empêchement. Voulons qu'à la copie des Présentes, qui sera imprimée tout au long au commencement ou à la fin dudit Ouvrage, foi soit ajoûtée comme à l'original. Commandons au premier notre Huissier ou Sergent sur ce requis, de faire pour l'exécution d'icelles tous actes requis & nécessaires, sans demander autre permission, & nonobstant clameur de Haro, Charte Normande, & Lettres à ce contraires : CAR tel est notre plaisir. DONNÉ à Versailles le vingt-

huitieme jour du mois de Décembre,
l'an de grace mil sept cent cinquante-
sept, & de notre Regne le quarante-troi-
sieme. Par le Roi, en son Conseil. *Signé,*
LE BEGUE, avec paraphe.

*Registrée sur le Registre XIV. de la
Chambre Royale des Libraires & Imprimeurs
de Paris, N.° 287. Fol. 261. conformément
au Réglement de 1723, qui fait défenses,
Article LI. à toutes personnes, de quelque
qualité qu'elles soient, autres que les Libraires & Imprimeurs, de vendre, débiter &
faire afficher aucuns Livres pour les vendre
en leurs noms, soit qu'ils s'en disent les
Auteurs ou autrement; & à la charge de
fournir à la susd. Chambre neuf Exemplaires
prescrits par l'Article CVIII. du même
Réglement. A Paris le 10 Janvier 1758.*

P. G. LE MERCIER,
Syndic.

De l'Imprimerie de LE PRETON, Imprimeur
ordinaire du ROI. 1758.